# 室内设计初步

第二版

BASIC OF THE
INTERIOR
DESIGN

张 文　梅青原　主 编
赵梅思　　副主编

U0194824

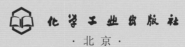
化学工业出版社
·北京·

## 内容简介

全书设置认识室内设计、识图与制图、室内设计的相关要素、室内设计案例赏析四个课题。认识室内设计阐述了室内设计的核心理论；识图与制图训练设计师的认识力和表现力，并形成严谨的设计规范；室内设计的相关要素对空间、家具、采光与照明、色彩、陈设与绿化作了初步介绍，是室内设计认识的深化，同时为今后的相关课程学习打下基础；室内设计案例赏析则通过不同类型和风格的设计案例，让学习者直观了解室内设计的应用与过程。

本书适合于高职高专室内设计、环境艺术设计等专业师生使用，也适合于相关行业的从业者阅读参考。

## 图书在版编目（CIP）数据

室内设计初步/张文，梅青原主编． —2版． —北京：
化学工业出版社，2020.10（2024.2重印）
ISBN 978-7-122-37520-9

Ⅰ．①室… Ⅱ．①张…②梅… Ⅲ．①室内装饰设计
Ⅳ．①TU238

中国版本图书馆CIP数据核字（2020）第148815号

责任编辑：李彦玲　　　　　　　　　　　　装帧设计：王晓宇
责任校对：李雨晴

出版发行：化学工业出版社（北京市东城区青年湖南街13号　邮政编码100011）
印　　装：河北鑫兆源印刷有限公司
787mm×1092mm　1/16　印张8$\frac{1}{2}$　字数196千字　2024年2月北京第2版第3次印刷

购书咨询：010-64518888　　　　　　　　　售后服务：010-64518899
网　　址：http://www.cip.com.cn
凡购买本书，如有缺损质量问题，本社销售中心负责调换。

定　　价：46.00元

　　高职室内设计及相关专业学生学习本专业时，首先需要明白什么是室内设计，有哪些主要内容，如何看图纸、画图纸，如何鉴别好的设计和差的设计等问题。《室内设计初步》一书针对上述问题，设计了四个课题：1.认识室内设计；2.识图与制图；3.室内设计的相关要素；4.室内设计案例赏析。本书编写注重理论的归纳和基础技能的训练，采用课题与实训任务相结合的结构进行编写，将为学习者后期的专业学习奠定基础。

　　本书在第一版基础上开发了数字化资源。在"互联网+"教育时代，信息化教学与数字化资源对于辅助学生学习具有重要的作用。为使教材更立体，编者根据教材内容制作了数字化资源，知识点、技能点有讲解或演示视频，学习者通过扫码学习的方式，能延展阅读，辅助学习。

　　本书由张文、梅青原主编，赵梅思副主编，姚雪儒、刘静怡参编，其中课题一、课题三由重庆工业职业技术学院张文编写；课题二的单元一、单元三和单元二的一、二、三点，以及实训案例由重庆工业职业技术学院赵梅思编写；课题四、课题二的单元二的四、五点由湖北轻工职业技术学院梅青原编写；重庆工业职业技术学院姚雪儒、刘静怡参加了部分内容的编写。全书由张文负责统稿和审核。

　　在此，感谢化学工业出版社对本书出版的大力支持。

　　尽管编者已做了大量的努力，但由于时间和能力的局限，本书的疏漏之处仍在所难免，敬请大家提出宝贵意见，以便今后的修订和完善。

编者
2020年6月

# 目录

课题三
室内设计的相关要素

079

**课题四**
**室内设计案例赏析**
107

**参考文献**
129

BASIC OF THE
INTERIOR
DESIGN

室内设计初步

# 课题一
# 认识室内设计

**综述**　　室内设计专业在高职院校得到了蓬勃发展，学习和掌握室内设计的含义，了解室内设计基本观点，掌握室内设计的目的与内容，了解室内设计的发展概况与主要风格，对于认识室内设计很有必要。

**课时**　　10课时

# 单元一　室内设计概述

## 一、室内设计的含义

设计既指计划、规划、设想与预算，也指在这些明确目标下的创造性活动。室内设计即对室内的规划、设想、预算，以及相关的创造性活动。

室内设计与建筑设计密切相关，人们往往从建筑的角度来认识室内设计。我国前辈建筑师戴念慈先生认为"建筑设计的出发点和着眼点是内涵的建筑空间，把空间效果作为建筑艺术追求的目标，而界面、门窗是构成空间必要的从属部分。从属部分是构成空间的物质基础，并对内涵空间使用的观感起决定性作用，然而毕竟是从属部分。至于外形只是构成内涵空间的必然结果。"

建筑师普拉特纳（W.Platner）则认为室内设计"比包容这些内部空间的建筑物要困难得多"，这是因为在室内"你必须更多地同人打交道，研究人们的心理因素，以及如何能使他们感到舒适、兴奋。经验证明，这比同结构、建筑体打交道要费心得多，也要求有更加专门的训练"。美国前室内设计师协会主席亚当（G.Adam）指出"室内设计涉及的工作要比单纯的装饰广泛得多，关心的范围已扩展到生活的每一方面，例如，住宅、办公、旅馆、餐厅的设计，提高劳动生产率，无障碍设计，编制防火规范和节能指标，提高医院、图书馆、学校和其他公共设施的使用效率。总之一句话，给予各种处在室内环境中的人以舒适和安全。"

从室内设计与建筑设计的关系来看，既有把室内设计当作建筑设计的从属，也有认为是建筑设计的升华。争论点从室内自身转到对使用者——人的关注，逐渐确立起以人为本的室内设计观念。因为人的一生绝大部分时间是在室内度过的，室内环境关系到生活的质量，关系到人们的安全、健康、效率、舒适等。因此室内环境的创造，应该把保障安全和有利于人们的身心健康作为室内设计的首要前提。室内设计因此关注人和室内两方面，首要目标在于满足人们生活的基本需要，追求包含天、地、墙、家具及陈设品在内的整体环境风格与质量，注重材料的选择，注重品牌、质感（图1.1）。

对室内设计的认识不能到此为止，因为它从属于更大的系统。我们把人和室内看作室内设计的"里"，向外扩展，还有社区位置、城市规划、自然环境、气候条件、文化传统、历史文脉、建筑风格等时空外延，可以把它们统称为环境，这是室内设计的"外"。人、室内、环境构建起更为完整的室内设计系统。

室内设计的"里"和室外环境的"外"，是相辅相成、辩证统一的矛盾，正是为了更深入地做好室内设计，就越加需要对环境整体有足够的了解和分析，着手于室内，也着眼于"室外"。当前室内设计的弊病之一——相互类同，缺少创新和个性，就是对环境整体缺乏必要的了解和研究，从而使设计的依据流于一般，设计构思局限封闭。

（a）卢浮宫主建筑外观

（b）卢浮宫正门入口处的透明金字塔建筑

（c）卢浮宫内部室内装饰

（d）卢浮宫内部室内装饰

图 1.1　卢浮宫的建筑外观与室内设计

环境有两层含义。一层含义包括室内空间环境、视觉环境、空气质量环境、声光热等物理环境、心理环境等许多室内方面。在室内设计时固然需要重视视觉环境的设计，但是不应局限于视觉环境，对室内声光热等物理环境、空气质量环境以及心理环境等因素也应重视，因为人们对室内环境的感受总是综合的。一个闷热、噪声背景很高的室内，即使看上去很漂亮，待在其间也很难给人愉悦的感受。不少宾馆的大堂，单纯从视觉感受出发，过量地选用光亮硬质的装饰材料，从地面到墙面，从楼梯、走廊到服务台的台面、柜面，造价很高，但使大堂内的混响时间过长，说话时清晰度很差（图1.2）。

另一层含义是把室内设计看成社区环境、城市规划、自然环境、建筑风格、历史文脉等环境系列的有机组成部分，是链中一环，它们之间有许多前因后果，相互制约和相互提示。环境整体意识薄弱，就容易就事论事，"关起门来做设计"，使创作的室内设计缺乏深度，没有内涵。从人

图 1.2　酒店大堂设计

们对室内环境的物质和精神两方面的综合感受看，应对环境整体应予以充分重视。如图1.3所示，几个小图共同形成江南传统的室内环境系统。室内的木质结构，对称布局；园林的房屋、树木、水的有机组合，利用自然依山傍水；以及在此基础上形成的小镇、城市，无一不体现着传统的中国哲学观——天人合一。

（a）江南传统的室内图

（b）江南传统的院落图

（c）含有房屋、池塘、假山、走廊的江南园林图

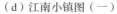
（d）江南小镇图（一）

（e）江南小镇图（二）

图 1.3　室内环境设计相互制约、相互提示

　　由此我们可以得出室内设计的定义。室内设计是根据建筑物的使用性质、所处环境和相应标准，运用物质技术手段和建筑美学原理，创造功能合理、舒适优美、满足人们物质和精神生活需要的室内环境。这一空间环境既具有使用价值，满足相应的功能要

求，同时也反映了历史文脉、建筑风格、环境气氛等精神因素。

上述定义中，明确地把"创造满足人们物质和精神生活需要的室内环境"作为室内设计的目的，即以人为本，一切围绕着为人的生活生产活动来创造美好的室内环境。

同时，室内设计还需把握下列相关因素。

使用性质——建筑物的功能设计，房屋用于什么目的，即居住空间或公共空间。

所在环境——既指室内空间的周围环境状况，也指该设计项目所处的时代或时间段。

相应标准——室内设计和建筑美学的相应标准。

物质技术手段——各类装饰材料和设施设备及相关施工工艺。

建筑美学原理——除艺术学科共同的美学法则，如对称、均衡、比例、节奏之外，更需要综合考虑建筑的使用功能、结构施工、材料设备、工程造价等因素。

## 二、室内设计的基本观点

室内设计涉及人、室内、环境三个部分，以满足人们物质和精神生活需要为目标，对室内进行规划、设想与创造，同时考虑历史文脉、建筑风格、环境气氛等精神因素。基于这些因素，形成如下的室内设计的基本观点。

### 1.以满足人和人际活动的需要为核心

以人为本是室内设计社会功能的基石。设计者始终需要把人对室内环境的要求，包括物质使用和精神满足两方面，放在设计的首位。由于设计的过程中矛盾错综复杂，问题千头万绪，设计者需要清醒地认识到室内设计是为人而设计，由此组织室内功能，美化界面，综合考虑家具、陈设、灯光、色彩、绿化以及声、光、热等因素，解决使用功能、经济效益、舒适美观、环境氛围等完美统一，协调材料、设备、施工、法规等问题。室内设计是一项综合性极强的系统工程，坚持以人为本，不要在设计时因考虑局部因素而忽略它（图1.4）。

（a）在形体、色彩上满足儿童的身心需求

图 1.4

（b）材质和色彩营造舒适雅致的家　　　　　　　　（c）慵懒的空间

图 1.4　以人为本的室内设计

### 2.加强环境整体观

室内设计的立意、构思，室内风格和环境氛围的创造，需要着眼于对环境整体的考虑。室内设计，从整体观念上来理解，应该看成是环境设计系列中的"链中一环"。环境整体观体现在居住空间内就是门厅、客厅、餐厅、厨房、卧室、卫生间、阳台等功能块，既有区别又有联系，界面、家具、陈设、照明、色彩、绿化等的设计要有整体观；体现在户外，就是居室、建筑物、社区、城市、气候、自然环境等有整体的规划，同时要综合历史文脉、时代特色、文化交流等因素。

### 3.科学性与艺术性的结合

在创造室内环境中要重视科学性、艺术性，及两者的结合。从建筑和室内设计发展的历史来看，具有创新精神的新风格的兴起，总是和社会生产力的发展相适应。社会生活和科学技术的进步，人们价值观和审美观的改变，促使室内设计必须充分重视并积极运用科学技术的成果，包括新型的材料、结构构成和施工工艺，以及为创造良好声、光、热环境的设施设备。在重视物质技术手段的同时，要高度重视建筑美学原理，重视创造具有表现力和感染力的室内空间和形象，创造具有视觉愉悦感和文化内涵的室内环境，使生活在现代社会高科技、高节奏中的人们，在心理上、精神上得到平衡。

### 4.时代感与历史文脉并重

从宏观整体看，建筑物和室内环境总是从一个侧面反映当代社会物质生活和精神生活的特征，铭刻着时代的印记。设计时要自觉地体现时代精神，分析具有时代精神的价值观和审美观。同时，人类社会的发展在物质技术和精神文化上，都具有历史延续性。在室内设计中，因地制宜地采取民族特点、地方风格、乡土风格，充分考虑历史文化的延续和发展的设计手法。应该指出，这里所说的历史文脉，并不能简单地只从形式、符号来理解，而是广义地涉及规划思想、平面布局和空间组织特征，甚至设计中的哲学思想和观点。追踪时代和尊重历史，就其社会发展的本质讲是有机统一的（图1.5、图1.6）。

图 1.5　世博会中国馆

图 1.6　贝聿铭设计的苏州博物馆

### 5.动态和可持续的发展观

我国明末清初文学家、戏曲家李渔在室内装修的专著中写道："与时变化，就地权宜""幽斋陈设，妙在日新月异"，即所谓"贵活变"的论点。他建议不同房间的门窗，应设计成不同的体裁和花式，但是具有相同的尺寸和规格，以便根据使用要求和室内意境的需要，使各室的门窗可以更替和互换。李渔"活变"的论点，虽然还只是从室内装修的构件和陈设等方面去考虑，但是它已经涉及了因时、因地的变化，把室内设计以动态的发展过程来对待。

室内设计的一个显著特点，是它对由时间推移引起室内功能相应变化和改变的敏感。当代社会生活节奏日益加快，建筑室内的功能复杂而又多变，室内装饰材料、设施设备，甚至门窗等构配件的更新换代也日新月异。总之，室内设计和建筑装修的"无形折旧"更趋突出，更新周期日益缩短，而且人们对室内环境艺术风格和气氛的欣赏和追求，也是随着时间的推移而在改变，风格过时会进行新的装修，这也加速了室内设计的折旧。

"可持续发展"一词最早是在20世纪80年代中期由欧洲的一些发达国家提出，1989年5月联合国环境署发布了《关于可持续发展的声明》，提出"可持续发展系指满足当前需要而不削弱子孙后代满足其需要之能力的发展"。1993年联合国教科文组织和国际建筑师协会共同召开了"为可持续的未来进行设计"的世界大会，其主题为各类人为活动应重视有利于今后在生态、环境、能源、土地利用等方面的可持续发展。联系到现代室内环境的设计和创造，设计者不能急功近利、只顾眼前，而要确立节能、充分节约与利用室内空间、力求运用无污染的"绿色装饰材料"，以及创造人与环境、人工环境与自然环境相协调的观点。动态和可持续的发展观，要求室内设计师既考虑发展有更新可变的一面，又考虑到发展在能源、环境、土地、生态等方面的可持续性（图1.7）。

图 1.7　亚运会场馆的建筑设计

# 单元二　室内设计的目的与内容

## 一、室内设计的目的

室内设计的目的是以人为本，满足人们的精神生活和物质生活要求，创造出功能合理、舒适优美、陶冶情操的室内环境。这需要对室内进行空间组织和界面处理，视觉环境（光照、色彩和材质）设计，室内内含物（家具、陈设、灯具、绿化）设计，空间构造与环境系统设计，同时要考虑建筑外观、自然环境、历史文脉、文化特征等因素，以达到使用功能的必需条件和视觉环境的美好享受，提高空间的生理、心理环境质量（图1.8）。

## 二、室内设计的内容

室内设计涉及的面很广，主要内容可以归纳为以下四个方面。

### 1.室内空间组织和界面处理

室内设计的空间组织，需要充分理解原有建筑设计的意图，深入了解建筑物的总体布局、功能分析、人流动向以及结构体系等，在室内设计时对室内空间和平面布置予以完善、调整或再创造。对建筑所提供的内部空间进行处理，解决好空间的功能，空间的尺度、比例、衔接、对比、统一等。设计师实地考察建筑结构后，根据业主要求，对室内空间进行调整，在不改变承重结构的情况下，更加合理地运用空间，协调好空间之间的转换关系，利用有利条件，排除不利因素，使室内设计更加方便化、舒适化和艺术化（图1.9）。

图 1.8　室内设计的目的

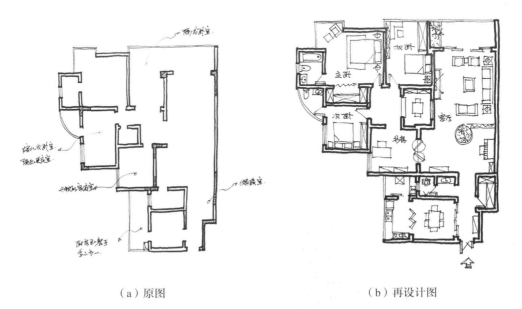

（a）原图　　　　　　　　　（b）再设计图

图 1.9　室内空间的再设计

图 1.10 利用框架构造本身特点的范例

图 1.11 室内界面处理

建筑是构成室内空间的本体，建筑空间构造对于室内形态具有决定性作用。受经济、材料、技术的制约，室内设计依然要充分考虑构造对空间造型的影响。在框架构造的建筑空间中，柱网间距的尺度，柱径与柱高之比，梁板的厚度，都对室内空间的塑造具有重要的影响力。利用框架构造本身的特点，在柱与梁上做文章已成为这类空间室内设计的一种常用手法。相对来讲砖混构造的建筑在空间上留给室内设计的余地十分有限，因此在这类空间中界面的装饰就显得非常重要（图1.10）。

室内界面处理，是指对室内空间的各个围合面（地面、墙面、天棚、隔断）的使用功能和特点的分析，界面的形状、图形线脚、肌理构成的设计，以及界面和结构构件的连接构造，界面和风、水、电等管线设施的协调配合等方面的设计（图1.11）。

室内空间组织和界面处理，确定了室内环境基本形体和线形。

### 2.室内视觉环境（光照、色彩和材质）设计

室内光照是指室内环境的天然采光和人工照明，光照除了能满足正常的工作生活环境的采光、照明要求外，光照和光影效果还能有效地起到烘托室内环境气氛的作用。

色彩是室内设计中最为生动、最为活跃的因素，室内色彩往往给人们留下室内环境的第一印象。除了色光以外，色彩依附于界面、家具、室内织物、绿化等物体。室内色彩设计需要根据建筑物的性格、室内使用性质、工作活动特点、停留时间长短等因素，确定室内主色调，选择适当的色彩配置。

材料质地的选用，是室内设计中直接关系到实用效果和经济效益的重要环节。饰面材料的选用，同时具有满足使用功能和人们身心感受这两方面的要求，例如坚硬、平整的花岗石地面，光滑、精巧的镜面饰面，轻柔、细软的

室内纺织品，以及自然、亲切的木质面材等。室内设计中的形、色、质应在光照下融为一体，赋予人们以综合的视觉心理感受（图1.12）。

图 1.12　室内设计中的形、色、质融为一体

### 3.室内内含物（家具、陈设、灯具、绿化）设计和选用

家具、陈设、灯具、绿化等室内设计的内容，除固定家具、嵌入灯具及壁画等固定外，大部分均相对地自由布置于室内空间里，其实用和观赏的作用都极为突出。通常它们都处于视觉中显著的位置，直接影响着室内的观感。家具提供使用功能，直接与人体相接触，感受距离最为接近。家具、陈设、灯具、绿化等对烘托室内环境气氛，形成室内设计风格等方面起到举足轻重的作用。室内绿化在现代室内设计中具有不能代替的特殊作用。室内绿化具有改善室内小气候和吸附粉尘的功能，更主要的是，室内绿化使室内环境生机勃勃，带来自然气息，令人赏心悦目，起到柔化室内人工环境，协调人们心理平衡的作用。

### 4.水、电、风、光、声、消防等系统

水、电、风、光、声等技术领域是室内设计不可或缺的有机组成部分，由采光与照明系统、电气系统、给排水系统、供暖与通风系统、音响系统、消防系统组成。

采光与照明系统：自然采光受开窗形式和位置的制约，人工照明受电气系统及灯具配光形式的制约。采光与照明对光线的强弱明暗，对光影的虚实形状和色彩，对室内环境气氛的创造有着举足轻重的作用。

电气系统：在现代建筑的人工环境系统中居于核心位置，各类系统的设备运行，供

水、空调、通讯、广播、电视、保安监控、家用电器等都要依赖于电能。在电气系统中，强电系统的功率对室内设备与照明产生影响，弱电系统的设备位置造型与空间形象发生关系。

给排水系统：上下水管与楼层房间具有对应关系，室内设计中涉及用水房间需考虑相互位置的关系。

供暖与通风系统：设备与管路是所有人工环境系统中体量最大的，它们占据的建筑空间和风口位置会对室内视觉形象的艺术表现形式产生很大影响。

音响系统：包括建筑声学与电声传输两方面的内容，建筑构造限定的室内空间形态与声音的传播具有密切关系，界面装修构造和装修材料的种类直接影响隔声吸声的等级。例如现代影视厅，从室内声环境的质量考虑，对声音清晰度的要求极高。这就要求在室内设计时合理地降低平顶，包去平面中的隙面，使室内空间适当缩小，对墙面、地面以及座椅面料均选用高吸声的纺织面料，采用穿孔的吸声平顶等措施，以增大界面的吸声效果，使室内的混响时间越短，声音的清晰度越高。

消防系统：包括烟感警报系统与管道喷淋系统两方面的内容，消防设备的安装位置有着严格的界定，在室内装修的空间造型中注意避让消防设备是一个较为重要的问题。

室内优美舒适环境的创造，需要富有激情，考虑文化的内涵，运用建筑美原理进行创作，同时又需要以相关的客观环境因素作为设计的基础。主观的视觉感受或环境气氛的创造，需要与客观环境因素紧密结合在一起。或者说，客观环境因素是创造优美视觉环境时的"潜台词"，因为通常这些因素需要从理性的角度去分析掌握，尽管它们并不那么显露，但对室内设计却是至关重要的（图1.13）。

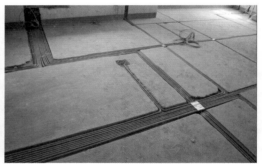

（a）天棚管线布置　　　　　　　　　　　（b）地面线路

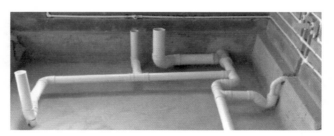

（c）给排水线路

图 1.13　利用天棚、地面安装电气、排水系统

### 三、室内设计师的要求

#### 1.识图制图能力

要求设计师能看懂各种土建施工图纸，熟练掌握基本的制图技能，在与业主沟通时提供符合国家制图标准的各类设计图纸，增加说服力。

#### 2.电脑绘图能力

做方案的时候需要完成的CAD图有原始图、改造图、平面布置图、天棚布置图、电视墙立面图、餐厅立面图、鞋柜立面图、衣柜立面图等，然后根据方案做三维效果图。效果图渲染出来后导入PS，补充修改不完美的地方。

#### 3.材料、工艺的熟知

设计师必须了解装饰材料，包括装饰材料的物理、化学性能及市场价位，特别是主要装修材料。如木质中的刨花板、木工板、实木颗粒板、多层实木板等，要有一个全面的了解。这些知识会帮助设计师在与客户交流报价时能剖析单价的构成，做到有的放矢。不少设计师在遇到业主嫌报价高，就没什么办法了。这时设计师通过向客户解释材料及工艺的价格构成，会让客户觉得物有所值。

#### 4.测绘的知识与技能

能正确地做好现场实测记录，为设计搜集资料。

#### 5.沟通能力的要求

要求设计师在与客户沟通时全面了解客户意图，交流过程中应不时记下客户提出的问题及建议，能充分表达自己的设计意图，并能在两者之间合理调控。

#### 6.个人修养

广博的文化知识和艺术素养，建筑、室内、家具方面的知识，各种风格与流派方面的知识素养，诚信合作等。

# 单元三 国内外室内设计发展概况

中西方在漫长岁月中，发展出各具特色的室内设计风格，它们既是生产力发展的结果，又凝聚着人类的文化与精神追求。

1.中国室内设计发展概况 1   2.中国室内设计发展概况 2

## 一、我国室内设计发展概况

现代室内设计作为一门新兴的学科，尽管还只是近数十年的事，但是人们有意识地对室内进行安排布置，甚至美化装饰，却早在人类文明伊始就存在了。

原始氏族社会的居室里，已经有人工做成的平整光洁的石灰质地面，新石器时代的居室遗址里，还留有修饰精细、坚硬美观的红色烧土地面，即使是原始人穴居的洞窟里，壁面上也已绘有兽形和围猎的图形。西安半坡村的方形、圆形居住空间，已考虑按使用需要将室内做出分隔，使入口和火坑的位置布置合理。方形居住空间近门的火坑安排有进风的浅槽，圆形居住空间入口处两侧也设置有引导气流作用的短墙。在人类建筑活动的初始阶段，人们就已经开始对"使用和氛围""物质和精神"两方面的功能同时给予关注。

商朝的宫室，从出土遗址显示，建筑空间秩序井然，严谨规正，宫室里装饰着朱彩木料、雕饰白石，柱下置有云雷纹的铜盘。

春秋战国时期随着封建社会生产关系的出现，奴隶制时代宣告结束。孔子的"礼、乐"、老子的"道法自然"等哲学思想对室内设计风格产生了很大影响。室内设计更加强调人与自然的和谐相处和巧妙利用，室内设计日益生活化。同时，由于各诸侯日益追求宫室华丽，具有象征性、趣味性的纹饰用砖和铸铜等技术的应用，使得室内装饰更为发展，雕梁画栋为特色的室内装饰风格开始形成（图1.14）。

图 1.14　战国瓦当图案

秦时的阿房宫和西汉的未央宫，虽然宫室建筑已荡然无存，但从文献的记载，从出土的瓦当、器皿等实物的制作，以及从墓室石刻精美的窗棂、栏杆的装饰纹样来看，毋庸置疑，当时的室内装饰已经相当精细和华丽。汉代是我国封建历史发展的第一个高峰，随着封建文化和科学技术的发展，人们生存环境的提高，室内空间设计不仅功能齐全，而且装饰细节也极为丰富，陶瓷、石刻、绘画和纺织品等装饰品和装饰材料在居住空间中被普遍使用。住宅空间的形式规划、出入口样式等也严格要求按封建等级思想与社交需要设计（图1.15）。

图 1.15  唐朝家具中席地而坐与垂足而坐并存

南北朝时期"廊"的设计手法在住宅空间中得到较多应用，家具形式仍然是席地而坐的低矮家具。北方十六国时期，少数民族为中原地区带来了不同的生活习惯，出现了垂足而坐的高式家具（如椅子、凳子等）。

隋唐到五代，已普遍采用垂足而坐的家具形式，室内设计开始进入以家具设计为中心的陈设装饰阶段。唐朝室内设计中的空间结构和装饰的结合非常突出，风格沉稳、大方（图1.15）。

宋代的住宅空间规划基本上呈四合院布置，大方格的平棋（天花板）与强调主体空间的藻井应用发展快，室内采用格子门分隔内部空间，装饰色彩丰富，建筑细部构件如门、窗、栏杆、梁架变化多样。

明清时期门窗样式基本是承袭宋代做法。到了明代，室内的装修装饰、彩画日趋定型化，家具设计体形秀美简洁，雕饰线脚少，造型和构造和谐统一，注重人体工程的应用，重视发挥木材本身纹理、色泽的特征。清代室内装修更为规范化，室内设计集中在提高总体布置和装修式样上。但明后期和清朝奉行闭关锁国政策，严重阻碍了文化、科技的发展，室内设计发展缓慢，追求雍容华丽的美感，整体风格繁缛奢靡。

1840年鸦片战争开始，我国进入半殖民地半封建社会时期，由于西方文化和新技术的传入，形成了新旧室内设计形式并存的局面。西方装饰样式与中式风格结合的居住空间设计，使室内设计表现出半殖民化的特征。

我国各类民居，如北京四合院、四川山地住宅、上海里弄建筑、云南"一颗印"、傣族干阑式住宅等，在体现地域文化的建筑形体和室内空间组织等许多方面，都有极为宝贵的可供我们借鉴的成果（图1.16）。

我国现代室内设计，虽然早在20世纪50年代首都北京人民大会堂等十大建筑工程建设时已经起步，但是室内设计和装饰行业的大范围兴起和发展，还是近几十年的事。由于改革开放，从旅游建筑、商业建筑开始，及至办公、金融和涉及千家万户的居住建筑，在室内设计和装饰方面都有了蓬勃发展。1990年前后，相继成立了中国建筑装饰协会和中国室内建筑师学会，众多的艺术院校和理工科院校相继开设室内设计专业。

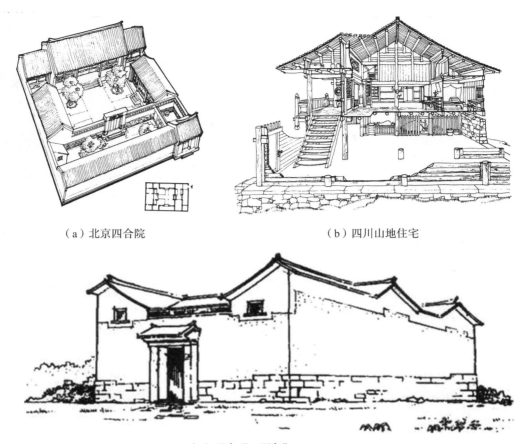

（a）北京四合院　　　　　　　　　　　（b）四川山地住宅

（c）云南"一颗印"

图 1.16　各类民居

　　当前，中国的室内设计已经进入到创新阶段。在改革开放的大好形势下，经过了模仿东、西方传统室内设计和西方现代室内设计的时期，逐步走上了创新之路。室内设计中，一方面使用新材料，采用新工艺，创造了室内新的界面造型和空间形态，达到较佳的声、光、色、质的匹配和较佳的点、线、面空间形态，给人耳目一新的感受。另一方面，设计师对传统文化和现代文化进行了较为深入的融合，通过艺术语言综合、重构，使简练的室内界面及空间形态蕴涵较深厚的文化神韵和意境。比如人民大会堂内的上海厅、重庆厅、广东厅和小礼堂，时代感都很强，表现出了新时代的文化色彩。

## 二、外国室内设计发展概况

　　公元前古埃及贵族宅邸的遗址中，抹灰墙上绘有彩色竖直条纹，地上铺有草编织物，配有各类家具和生活用品。古埃及的阿蒙神庙，庙前雕塑及庙内石柱的装饰纹样均极为精美，神庙大柱厅内硕大的石柱群和极为压抑的厅内空间，正是符合古埃及神庙所需的森严神秘的室内氛围，是神庙的精神功能所需要的（图 1.17）。

　　古希腊和古罗马在建筑艺术和室内装饰方面已发展到很高的水平。古希腊雅典卫城帕特农神庙的柱廊，起到室内外空间过渡的作用，精心推敲的尺度、比例和石材性能的合理运用，形成了梁、柱、枋的构成体系和具有个性的各类柱式。古罗马庞贝城的遗址中，从贵族宅邸室内墙面的壁饰，铺地的大理石地面，以及家具、灯饰等加工制作的精细程度来看，当时的室内装饰已相当成熟。古罗马万神庙室内高旷的、具有公众聚会特征的拱形空间，是当今公共建筑内中庭设置最早的原型（图1.18）。

图 1.17　阿蒙神庙内部　　　　　　　　　　图 1.18　万神庙内部

　　欧洲中世纪和文艺复兴时期以来，哥特式、新古典式、巴洛克和洛可可等风格的各类建筑及其室内设计均日臻完美，艺术风格更趋成熟（图1.19）。

（a）哥特式　　　　　　　　　　　　（b）新古典式

（c）巴洛克式　　　　　　　　　　　　（d）洛可可式

图 1.19　欧洲中世纪至 19 世纪中期的各类建筑和室内设计

1919年在德国创建的包豪斯（Bauhaus）学派，摒弃因循守旧，倡导重视功能，推进现代工艺技术和新型材料的运用。在建筑和室内设计方面，提出与工业社会相适应的新观念。包豪斯的创始人格罗皮乌斯（Gropius）曾提出："我们正处在一个生活大变动的时期。旧社会在机器的冲击之下破碎了，新社会正在形成之中。在我们的设计工作里，重要的是不断地发展，随着生活的变化而改变表现方式……"格罗皮乌斯设计的包豪斯校舍和密斯·凡·德罗（Mies Van der Rohe）设计的巴塞罗那展览馆都是上述新观念的典型实例（图1.20）。从此，西方室内设计进入现代时期，对功能和形式的设计更加自觉。

图 1.20　密斯·凡·德罗的"少即是多"设计

　　现代主义设计强调功能与理性。设计师努力从建筑设计着手改良社会，提出"设计是为大众"的观点，这些人变成了现代设计的核心。格罗皮乌斯曾说："我的设计要让德国公民的每个家庭都能享受6个小时的日照。"凡·德罗提出的"少即是多"并不是为形式考虑的结果，而是为解决物质贫乏与工业化问题而提出的解决方案。以功能为主的理性设计思想在北欧的斯堪的纳维亚国家长期存在，设计是他们生活的组成部分，这也是为什么丹麦、瑞典、芬兰、挪威的设计都是世界级别的优秀设计。

　　当包豪斯瓦解以后，大批有着现代设计思想的设计师到美国发展，将现代设计带入了这个发达的商业社会，一切以经济为中心，设计也不可避免地成了商业的工具。美国的商业支持同德国的理念结合，这种风格逐渐波及世界各地，产生了广泛影响，也就是国际主义的形成。我们现在看到的很多西方国家的设计作品便是这时的产物——简洁的外表、冰冷的色彩、直线的划分。

　　象征着国际主义死亡的是山崎实（YAMASAKI）设计的pruitt-lgoe低收入住宅，这些建筑极端地体现着简单冰冷，毫无人情，连流浪汉也厌恶居住在内，20年的人住率不到30%，政府被迫将其炸毁（图1.21）。"9·11"被撞毁的美国世贸大厦也是山崎实的作品。

　　20世纪70年代，国际主义已经统治了世界太久，在富裕社会出生的新一代设计师对他们的前辈提出了质疑，毫无人性的冷漠设计不是我们需要的，要改变要反对。但国际主义的理论基础是它的前身现代主义设计提倡的功能设计，这是很难推翻的。一些设计师开始在历史中寻找，他们用古典的、抽象的、经典的装饰符号改变现代主义冷漠的外表，加以折中处理，后现代主义设计诞生了。后现代主义设计包含了两方面的特征。一是采用各种装饰，特别是从历史中吸取装饰营养，采用非传统的混合、叠加、错位、裂变等手法，以期创造一种融感性与理性、传统与现代、大众与专家于一体的即"亦此亦彼"的建筑形象与室内环境，反映了对现代主义理性的批判。如穆尔设计的美国新奥尔良意大利广场，大量采用古典拱门，仅仅为装饰，而无任何功能结构作用，各种风格迥异的拱券重复交错，充满了玩世不恭。另一特征是具有象征性和隐喻性，悉尼歌剧院是其代表，它企图达到诗歌式的象征意义。后现代主义设计的代表人物有文丘里、穆尔、索特萨斯、罗杰斯等（图1.22）。

图 1.21　山崎实（YAMASAKI）设计的
pruitt-Igoe 的兴与废

虽然很多设计师在20世纪70年代开始认为现代主义穷途末路了，因而用不同类型的装饰风格加以修正，从而引发后现代主义运动。但是，另一些设计师却依然坚持不懈地发展现代主义传统，完全依照现代主义的基本

图 1.22　文丘里为母亲设计的住宅

语言设计，他们根据具体情况加入新的简单形式，赋予象征意义。贝聿铭是其中杰出的代表，如他设计的香港中银，没有烦琐的装饰，结构与细节都遵循功能和理性，但建筑结构却赋予了象征意义；又如卢浮宫金字塔，结构本身不仅是功能的需要，还象征着历史与文明。现代主义中还有一些非常个性化的探索，注重生态环境的，以木材达到自然主义的，主张建筑与园林结合的，反对构成的解构主义的，都具有相当的探索精神和引导性。

欧美的室内设计表现出生动而富于变化的历史。伊斯兰教和佛教文化在室内装饰中表现出明显的延续性。伊斯兰教装饰以阿拉伯纹样为主，表现为高度的图式化、几何化、抽象化、平面化的效果。日本的室内装饰则注重表现材料本身的质感和精湛的制作工艺，简洁明了、造型抽象、图案化，影响了近代欧洲，有着重要的地位。

# 单元四　室内设计主要风格简介

　　风格是整体上呈现出的具有代表性的独特面貌。室内风格属室内环境中的艺术造型和精神功能范畴。室内风格往往和建筑风格以及家具风格紧密相联，有时也与相应时期的绘画、雕塑，甚至文学、音乐等风格相互影响。

　　室内设计风格的形成，是不同的时代思潮和地区特点，通过创作构思和表现，逐渐发展成为具有代表性的室内设计形式。一种典型风格的形成，通常和当地的人文因素和自然条件密切相关。风格虽然表现于形式，但风格具有艺术、文化、社会发展等深刻的内涵，从这一深层含义来说，风格又不停留或等同于形式和视觉上的感受。室内设计的风格主要可分为中式风格、欧式风格、现代风格、混搭风格、田园风格、地中海风格以及LOFT风格等。

## 一、中式风格

　　中式风格是以宫廷建筑为代表的我国古典建筑的室内装饰风格。气势恢宏，壮丽华贵，高空间，大进深，雕梁画栋，金碧辉煌，造型讲究对称，以红黑色为主，色彩浓烈而成熟、和谐，对比装饰材料以实木为主，方正规矩，图案多龙、凤、龟、狮等，精雕细琢，瑰丽奇巧。陈设一般有国画、卷轴、书案、屏风、盆景以及文房四宝。中式风格对称、简约、朴素、格调雅致、文化内涵丰富，中式风格家居体现主人的较高审美情趣与社会地位（图1.23）。

图 1.23　中式风格

## 二、欧式风格

　　欧式风格追求华丽高雅，典雅中透着高贵，深沉里显露豪华，具有很强的文化感受和历史内涵。欧式古典风格，一般采用深色的色彩，多用带有图案的壁纸、地毯、窗帘、床罩、帐幔、装饰画。为体现华丽的风格，家具、门、窗多漆成白色，家具、画框的线条部位饰以金线、金边。欧式风格中有罗马风、哥特式、文艺复兴式、巴洛克、洛可可、古典主义等（图1.24）。

图 1.24　欧式风格

## 三、现代风格

　　现代风格重视功能和空间组织，注意发挥结构本身的形式美，造型简洁，反对多余装饰，崇尚合理的构成工艺，尊重材料的质地和性能，讲究色彩的配置效果，采取以功能布局为依据的不对称的构图。强调功能性设计，线条简约流畅，色彩对比强烈，追随流行时尚，大量使用钢化玻璃、不锈钢等新型材料作为辅材，注重软装饰配合，这是现代风格家具的特点。现代风格设计中，点与面、直与斜有机搭配，使人倍感空间的清爽、晶莹剔透。现代风格给人前卫、不受拘束的感觉（图1.25）。

图 1.25　现代风格

## 四、混搭风格

　　近年来，室内设计呈现多元化，兼容并蓄的状况，室内布置融古今中外于一体。例如传统的屏风、摆设和茶几，配以现代风格的界面及门窗装修；欧式古典的琉璃灯具和壁面装饰，配以东方传统的家具和埃及的陈设、小品等。混搭风格不拘一格，运用多种体例，深入推敲形体、色彩、材质、构图和视觉效果。混搭风格让不同材质、不同颜色、不同风格的家居搭配在一起，已经成为时尚潮流（图1.26）。

图 1.26　混搭风格

　　波希米亚风格也属混搭风格。追求自由的波希米亚人，在浪迹天涯的旅途中形成了自己的生活哲学，风格上自然就混杂了所经之地各民族的影子，是奢华的另类。毕加索的晦涩抽象画、斑驳陈旧的中世纪宗教油画、迷综错乱的天然大理石花纹、绿色植物、藤编的餐椅、镂空的装饰、保留天然纹路的木制家具并涂刷光泽型涂料，配色暗灰、深蓝、黑色、大红、橘红、玫瑰红、玫瑰灰等，整体杂芜、凌乱而又惊心动魄（图1.27）。

图 1.27　波希米亚风格

## 五、田园风格

　　田园风格自然闲适，有一定的农村生活或乡间艺术特色，主题贴近自然，展现朴实的生活气息。田园风格最大的特点是朴实、亲切、实在。田园风格有法式田园、英式田园、美式田园、中式田园、南亚田园等。

　　美式田园：常运用不经雕琢的纯天然木、石、藤、竹、红砖等，家具以实用为主，常用松木、橡木等，显出陈旧感。墙纸多以树叶、高尔夫球、赛马等的图案为主。粗犷的布艺沙发、咖啡色条格纹的窗帘、纹理清晰的深色木地板也是其装饰要点（图 1.28）。

　　法式田园：最明显的特征是家具的洗白处理及配色的大胆鲜艳。洗白处理使家具流露出古典的隽永质感，黄色、红色、蓝色的色彩搭配，则反映丰沃、富足的大地景象。而椅脚被简化的卷曲弧线及精美的纹饰也是优雅生活的体现（图 1.29）。

　　南亚田园：家具风格显得粗犷，但平和而容易接近，有抽象的或植物纹样的线条。材质多为柚木，光亮感强，也有椰壳、藤等材质的家具，做旧工艺多，并喜做雕花。色调以咖啡色为主，室内常有绿色植物（图 1.30）。

## 六、地中海风格

　　地中海风格的房屋、家具线条不是直来直去的，显得比较自然，形成一种独特的浑圆造型。地中

图 1.28　美式田园风格

图 1.29　法式田园风格

图 1.30　南亚田园风格

海风格有白灰泥墙、连续的拱廊与拱门、海蓝色的屋瓦和门窗。地中海风格注重捕捉光线，色彩大胆而自由。在室内，窗帘、桌布、沙发套、灯罩等均以低彩度色调的棉织品为主，素雅的小细花条纹格子图案是其主要风格。独特的锻打铁艺家具，也是其美学产物。同时，地中海风格注意绿化，爬藤类植物和小巧可爱的绿色盆栽都常见。地中海风格整体明亮、大胆，色彩简洁、丰富（图1.31）。

图 1.31　地中海风格

## 七、LOFT 风格

LOFT 的空间有非常大的灵活性，人们可以随心所欲地创造自己梦想中的家、梦想中的生活，丝毫不会被已有的机构或构件所制约。人们可以让空间完全敞开，也可以对其分割，改造成双层或多层结构，从而使它蕴涵个性化的审美情趣。从此，粗糙的柱壁，灰暗的水泥地面，裸露的钢结构脱离了旧仓库的代名词，一间间其貌不扬的旧式厂房里，一股新的气息正在涌动，这就是 LOFT 生活。这种风格的装修具有流动性、透明性、开放性和艺术性，是艺术家和年轻人追求的时尚风格（图1.32）。

图 1.32　LOFT 风格

## 八、佛系风格

当今社会，人们生活压力不断增大，一批年轻人开始选择"佛系"的生活方式，追求一种无欲无求、随遇而安的生活，该生活方式与日本的禅意、侘寂、性冷淡风有密切的联系。佛系思想体现在室内设计里，常表现为清新淡雅、黑白颜色、简洁明快的设计风格。遵循"少即是多"的设计法则，大量使用直线，尽量去除复杂的棱角和线条，适度留白，营造一种返璞归真的居住氛围。佛系家居以黑白灰色、木质色、灰棕色等淡雅的色调为主，贴近自然，不张扬，不浮华，材料选用天然的原木、藤条、棉麻等。佛系风格自然、简洁、平淡、素净、空灵，缺少多余装饰，有助于缓解人们的焦虑和抑郁（图1.33）。

图 1.33 佛系风格

## 九、其他重要风格

家居风格种类繁多，除上述风格外，还有伊斯兰风格、东南亚风格、日式风格、后现代风格以及混合各风格而产生的新风格等（图1.34）。

随着时代的发展，各类风格已逐渐融入我们的生活，并被我们所接受，存在即合理，只要我们广泛摄取人类文化精华，更多的装饰设计风格将服务于我们的家居生活，相信我们的家居生活会更加五彩斑斓。

（a）伊斯兰风格

（b）日式风格

（c）东南亚风格

（d）后现代风格（一）

（e）后现代风格（二）

图 1.34　其他风格

1.什么是室内设计?

2.室内设计的基本观点有哪些?

3.室内设计的目的?

4.室内设计的内容?

5.作为一名合格的室内设计师,应具备哪些知识和技能?

6.我国室内发展经历过怎样的历程?

7.西方室内发展经历过怎样的历程?

8.收集整理优秀的国内外室内设计图例。

9.收集整理国内外室内设计的主要风格图例。

# BASIC OF THE INTERIOR DESIGN

 室内设计初步

# 课题二
# 识图与制图

**综 述**　　　　室内设计识图与制图是室内设计的基础，通过学习能够具有读图、识图、绘图，并根据图纸指导施工的能力；能够了解室内环境规划制图的标准和绘制方法；能够绘制室内装饰制图的基本图样（平面、立面、顶面、透视及色彩表现），对设计师的成长与发展是很关键的一步。

**课 时**　　48学时

# 单元一 制图要求与规范

室内设计制图，属于工程制图范畴，它是室内设计师通过规范的图示语言，介绍其创造性的思维活动和设计意图，把一个或多个预想的室内空间设计完整具体地展示出来。工程设计图是工程项目的重要技术资料，是工程项目实施的依据。工程设计图的表达应统一，清晰明了，便于识读。为保证工程设计制图的质量，满足设计施工等的要求，工程设计制图中图线的粗细、字体的式样、尺寸的标注方法、材料图例的标识以及详图索引符号等，必须具有统一的标准和规定，也就是要符合国家有关制图标准的规范。

## 一、图纸幅面与图标

### 1. 图纸幅面

室内设计制图采用GB/T14689—1993规定的A系列幅面规定的图纸。通常采用的图纸幅面大小有A0、A1、A2、A3、A4及其加长图纸。A0幅面的图纸称为零号图纸，即0#。在实际绘图工作中应根据需要来选择图纸的幅面。常用图纸的基本尺寸见表2.1。

表2.1　常用图纸的基本尺寸　　　　　　　　　　（单位：mm）

| 尺寸代号 | A0 | A1 | A2 | A3 | A4 |
|---|---|---|---|---|---|
| B×L | 841×1189 | 594×841 | 420×594 | 297×420 | 210×297 |
| c | 10 | | | 5 | |
| a | 25 | | | | |

当图的长度超过图纸幅面长度或内容较多时，图纸可加长，按规定只有A0～A3图纸可以加长，且必须按长度边加长（表2.2）。

表2.2　图纸长度边加长尺寸　　　　　　　　　　（单位：mm）

| 幅面代号 | 长度边尺寸 | 长度边加长后尺寸 |
|---|---|---|
| A0 | 1189 | 1338 1487 1635 1784 1932 2081 2230 2378 |
| A1 | 841 | 1051 1261 1472 1682 1892 2102 |
| A2 | 594 | 734 892 1041 1189 1338 1487 1635 1784 1932 |
| A3 | 420 | 631 841 1051 1261 1472 1682 1892 |

图纸以图框为界，图框的形式有两种，一种为横式，装订边在左侧；一种为竖式，装订边在上面（图2.1）。

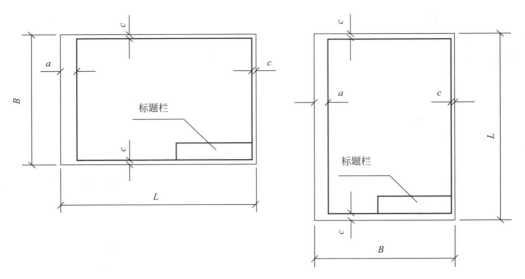

图 2.1　图框的两种形式

## 2.图标

图标又称为图纸标题栏，用于简要说明图纸内容等。通常由标题栏与会签栏两部分组合而成，两者均以表格的形式出现。标题栏一般位于图框的右下角，内容包括设计单位、业主方、设计日期名称、图纸内容、图纸编号、设计项目、设计阶段、工程名称，以及设计项目的审、校、核、设计人、绘图人等。一般图标长边的长度为180mm，短边的长度可分为30mm、40mm或50mm。会签栏的内容包括参与该设计项目的各专业工程设计人员的签名等。会签栏通常设置在图纸左侧上方的图框线外，其尺寸为75mm×20mm，标题栏及会签栏的形式见表2.3。

表2.3　标题栏及会签栏的形式

（a）标题栏

| 设计单位名称 | 工程名称 | 图号区 |
|---|---|---|
| 签字区 | 图名区 | |

（b）会签栏

| 专业 | 姓名 | 日期 |
|---|---|---|
| | | |
| | | |
| | | |

## 二、图线

### 1.图线要求

室内设计图纸主要由各种线条构成，不同的线型表示不同的对象和不同的部位，代表着不同的含义。为了表示出图中不同的内容且能够便于图纸的识读和分清主次，常常运用不同粗细的图线表达不同的设计内容。图纸线型和线宽的用途，对不同内容及专业的工程设计来说，是各不相同的。工程设计制图中，图线的宽度有0.18mm、0.25mm、0.35mm、0.7mm、1.0mm、1.4mm、2.0mm。在具体运用时，根据图的复杂程度以及比例大小，从上述线宽组中进行合理的选择。通常每个图的线宽种类不得超过3种，即粗线、中粗线、细线相互成一定的比例，其线宽比应为1：0.5：0.35。在绘制比较简单的图或比例较小的图时，可采用2种线宽，其线宽比应为1：0.35。

### 2.图线种类

工程设计制图的图线种类有实线、虚线、点划线、双点划线、折断线、波浪线等（图2.2），各种不同种类的图线根据不同的用途用在具体的工程设计制图中。

| 图线名称 | 图线型式 | 图线宽度 |
|---|---|---|
| 中实线 |  | $b(0.25 \sim 1\text{mm})$ |
| 粗实线 |  | $(1.5 \sim 2)b$ |
| 中虚线 |  | $b/3$或更细 |
| 粗虚线 |  | $(1.5 \sim 2)b$ |
| 细实线 |  | $b/3$或更细 |
| 点划线 |  | $b/3$或更细 |
| 双点划线 |  | $b/3$或更细 |
| 双折线 |  | $b/3$或更细 |
| 波浪线 |  | $b/3$或更细（徒手绘制） |

图 2.2 图线的种类

（1）实线

表示实物的线为实线，在制图中常会使用几种粗细不同的线型，使图表达得更为清晰。通常实线又可分为粗实线、中实线和细实线。

粗实线用于表示主要可见轮廓线，即建筑物平面图、剖面图；室内天花图中被剖切的主要建筑构造的轮廓线，建筑立面图、室内立面图的轮廓线及构造详图中被剖切的主要部分的轮廓线等。

中实线主要用于表示可见轮廓线，即建筑物平面图、剖面图中被剖切的次要构造的轮廓线；室内平面图、天花图、立面图、家具三视图中建筑构配件的轮廓线及构造详图和构配件详图中的一般轮廓线等。

细实线主要用于图中尺寸线、尺寸界线、图例线、引出线、索引符号、标高符号、重合断面的轮廓线以及室内平面图地纹、天花图和立面图材料肌理等。

　　在制图中一般粗实线、中实线、细实线的线宽之比为1 ： 0.5 ： 0.35（图2.3、图2.4）。

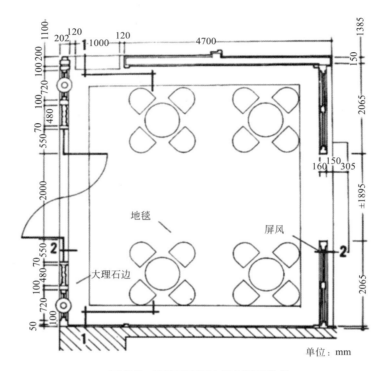

单位：mm

图 2.3　建筑平面图中被剖切墙体线

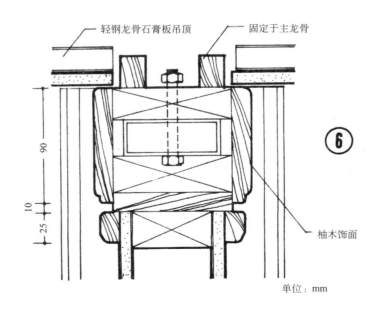

单位：mm

图 2.4　构造详图中被剖切的主要部分轮廓线

（2）虚线

通常虚线可分为粗虚线、中虚线和细虚线。

粗虚线一般用于表示新建的各种给水、排水管道线以及建筑总平面图或运输图中的地下建筑物或地下构筑物等；中虚线主要用于构造中不可见的实物轮廓线；需要画出的看不到的轮廓线等；细虚线主要用于其他不可见的实物轮廓线、图例线等，作为一种辅助用线。一般粗虚线、中虚线、细虚线的线宽之比也为1 ： 0.5 ： 0.35（图2.5）。

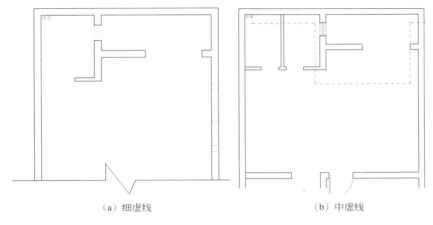

（a）细虚线　　　　　　　　　　　　（b）中虚线

图2.5　虚线的运用

（3）点划线

点划线可分为粗点划线和细点划线。粗点划线一般表示建筑结构图中梁或构架的位置线等；细点划线表示室内墙体的定位轴线、物体的对称线等。粗点划线与细点划线的线宽之比为1 ： 0.35（图2.6）。

（4）折断线

折断线表示不需画全的断开界线（图2.7）。

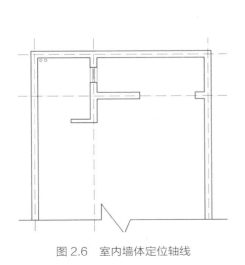

图2.6　室内墙体定位轴线

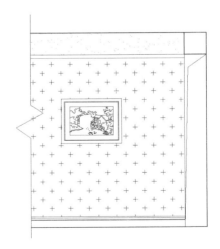

图2.7　折断线运用

（5）波浪线

波浪线的作用除同折断线外，还表示构造层次的断开界线（图2.8）。

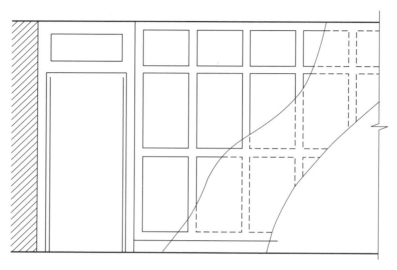

图2.8　波浪线的运用

## 三、符号

### 1.详图符号

在设计图纸中某一视图中的局部或细部构件，无法在同一图中表达清楚，则需绘制详图进行说明。此时就需要标注详图符号，详图符号为详图自身的次序编号，用以区别同一套图纸中的其他详图。通常详图符号以粗实线、直径为14mm的圆来绘制。如详图与被索引部位同在一张图纸上，那么只需要在圆内注入编号；如该详图与被索引部位不在同一张图纸上，则需要在圆内用细实线画出水平横线，并在圆内上半部分注上该详图的编号、下半部注上该详图所在的图纸索引编号（图2.9、图2.10）。

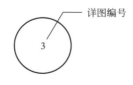

图2.9　详图在同一张图纸上

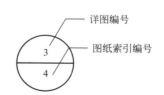

图2.10　详图不在同一张图纸上

## 2.索引符号

设计图中的构部件或局部细节需参见详图部分，通常会使用索引符号。索引符号是以细实线、直径为10mm的圆及位于直径的水平横线绘制而成。通常索引符号有以下几种形式（图2.11）。

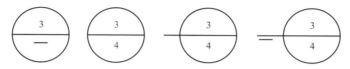

图 2.11  索引符号的形式

（1）索引标准图  圆中上半部分标注详图编号，下半部分标注详图所在的图纸编号，其直径水平延长线上标注标准图集的代号。

（2）被索引图在其他图号的图纸上  圆中上半部分标注详图编号，下半部分标注详图所在的图纸编号。

（3）被索引图在同一张图纸上  圆中上半部分标注详图编号，下半部分画一水平短细实线。

（4）索引剖面详图  图中上半部分标注详图编号，下半部分标注剖面详图所在图纸编号，其直径水平延长线上应以粗细直线画出所剖断的位置。

## 3.比例

室内设计在制图过程会根据合适的比例进行制图。下面这些绘图比例，可在实际操作中灵活运用。

总图：1：500，1：1000，1：2000。

平面图：1：50，1：100，1：150，1：200，1：300。

立面图：1：50，1：100，1：150，1：200，1：300。

剖面图：1：50，1：100，1：150，1：200，1：300。

局部放大图：1：10，1：20，1：25，1：30，1：50。

配件及构造详图：1：1，1：2，1：5，1：10，1：15，1：20，1：25，1：30，1：50。

## 4.定位轴线

在工程设计项目进行施工时，需要现场定位放线，同时也为便于在施工过程中查阅图纸中的有关部位的设计内容，因此在绘制建筑、室内设计图纸时要将其中如墙、柱等承重构件的轴线按规定编号进行标注，这些按规定所编的号码，即称为定位轴线。定位轴线通常用细点划线绘制，其编号应注写在轴线端部直径为8mm的细实线绘制的圆中。编号的原则是，横向编号应用阿拉伯数字1，2，3，4…以从左至右的顺序编写；竖向编号应用大写英文字母A，B，C，D…以从下至上的顺序编写（图2.12）。为避免与阿拉伯数字（1、0、2）混淆，在定位轴线的竖向编号中一般不用I、O和Z等英文字母。

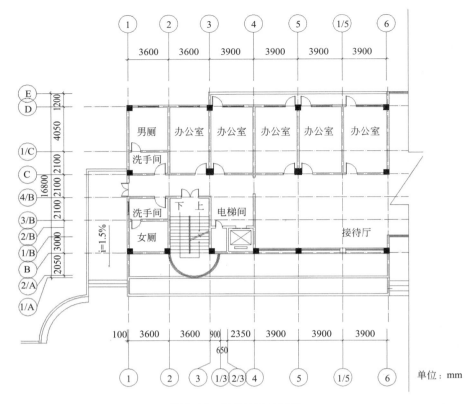

图 2.12 定位轴线的运用

## 5.引出线

引出线是标注文字说明、详图索引等,以细实线绘制而成的。通常引出线的引出方向呈水平方向或与水平方向呈30°、45°、60°、90°夹角。文字说明应注写在水平线的端部或上方(图2.13、图2.14)。

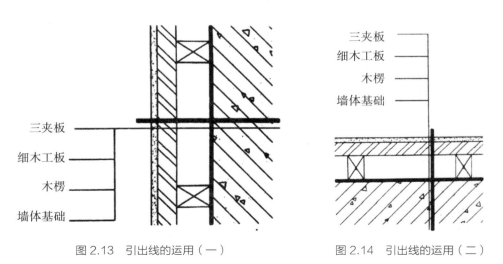

图 2.13 引出线的运用(一)　　　图 2.14 引出线的运用(二)

6.指北针

指北针的形状如图2.15所示，其圆的直径为24mm，用细实线绘制，指针尾部宽度宜为3mm，针头部注明"北"或"N"字。

7.其他符号（图2.16、图2.17）

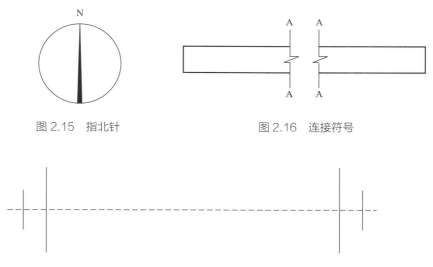

图2.15　指北针　　　　　　　　图2.16　连接符号

图2.17　对称符号

## 四、字体

在工程设计制图中，还运用文字及数字的形式来表示注解、名称、设计说明、做法及尺寸等，来弥补图线表达的不足，深化图纸的内容，因此字体的书写至关重要。字体应端正、清晰，排列整齐美观，间隔均匀。汉字的写法应采用国家公布的简化汉字。字体的选择中文采用直体仿宋字或黑体字，数字采用阿拉伯数字直体或斜体书写，英文及汉字拼音字母应采用大写直体或斜体，中文标题可采用美术字或正楷。当英文或汉字拼音字母单独作代号或符号时，一般不宜使用I、O及Z三个字母，以免同阿拉伯数字的1、0及2相互混淆。

## 五、尺寸的标注

工程设计图纸中，图的尺寸标注表示了具体设计内容的实际尺寸，为施工的顺利、设计的物化提供了保证。尺寸的标注一般由尺寸数字、尺寸线和尺寸界限线、尺寸起止符号构成，总平面图上的尺寸标高以m为单位，其他均以mm为单位。尺寸标注有线性尺寸及标高尺寸之别（图2.18、图2.19）。

图 2.18　线性尺寸标注　　　　　　　　　图 2.19　标高尺寸标注

### 1.尺寸数字

工程设计图中所标注的尺寸，是空间物体的实际尺寸，与具体制图时所用的比例没有关系。在室内工程设计图中的尺寸数字不需再注明尺寸的单位。尺寸数字的标注方向有水平、竖直、倾斜三种。任何图线不得穿交尺寸数字，无法避免时，须将此图线断开表示。尺寸数字应尽量标注在水平尺寸线的上方中部。

### 2.尺寸线

尺寸线应采用细实线表示，不宜超出尺寸界线；中心线、尺寸界线以及其他任何图线都不得用作尺寸线；线性尺寸的尺寸线必须与标注的长度方向平行，尺寸线与被标注的轮廓线应保证一定间隔。

### 3.尺寸界限线

尺寸界限线应采用细实线表示，一般情况下，线性尺寸的尺寸界限线垂直于尺寸线，并应超出尺寸线少许；尺寸界限线不应同需要标注尺寸的轮廓线相接，两者应留出一定的空间。当需连续标注尺寸时，中间的尺寸界限线一般应比起止的尺寸界限线短些；图中的中心线可用作尺寸界限线。

### 4.尺寸起止符号

尺寸线与尺寸界线相接处为尺寸的起止点，一般在尺寸的起止点处以45°倾斜画成的中粗短线，即为尺寸起止符号；在同一张图纸上，尺寸的起止符号的宽度和长度应保持一致；相邻的尺寸界线间的距离很小时，也可用小圆点作为尺寸的起止符号；当在图中画成45°倾斜粗短线有困难时，可以画上箭头作为尺寸的起止符号（图2.20、图2.21）。

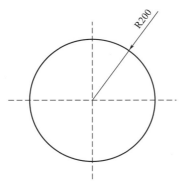

图 2.20　箭头作为起止符号

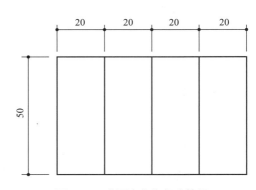

图 2.21　小圆点作为起止符号

### 5.一般尺寸的标注

尺寸应标在图形轮廓线以外；尺寸线应与被注长度平行；互相平行的尺寸线应遵循从内至外，先小尺寸后大尺寸的原则；相邻的尺寸数字如注写位置不够，宜错开或引出注写（图2.22、图2.23）。

图2.22 尺寸的一般标注

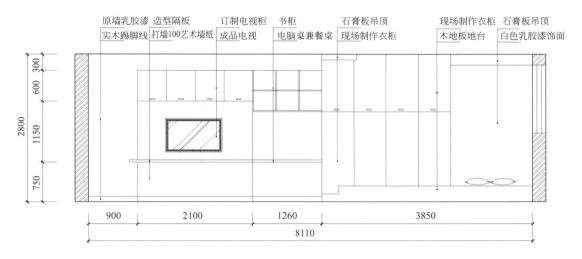

图2.23 室内家居立面图

### 6.标高的标注

标高的标注通常有两种形式。一种一般用在单体建筑及室内设计的工程设计图中，以某水平基准面如室内地坪为起算零点。标高符号为细实线绘制而成的倒三角形，其尖端应指至被注的高度，侧三角的水平引伸线为数字标注线。标高数字以米（m）为单位，注写到小数点以后第三位（图2.24）。另一种以大地水准面或某一水准面为基准面作为运算零点，一般用在地形图和总平面图中。这时标高的标注方法同第一种，但标高符号常用涂黑的三角形来表示（图2.25）。

图2.24 标高标注形式（一）　　　　　　　图2.25 标高标注形式（二）

## 7.坡度的标注

坡度的标注在建筑总平面、建筑（室内）平面、剖面图中都有运用。坡度数字常用百分数、比例或比值来表示。在沿坡度的方向向下坡方向画上箭头表示，在箭头的一侧或一端注写坡度的数字（图2.26、图2.27）。

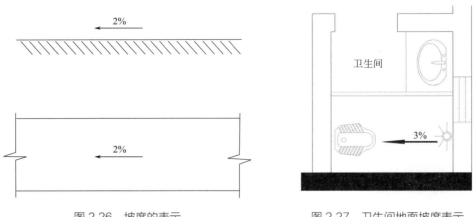

图 2.26　坡度的表示　　　　　　　　　　图 2.27　卫生间地面坡度表示

## 六、室内制图常用图例

### 1.灯具系列图例

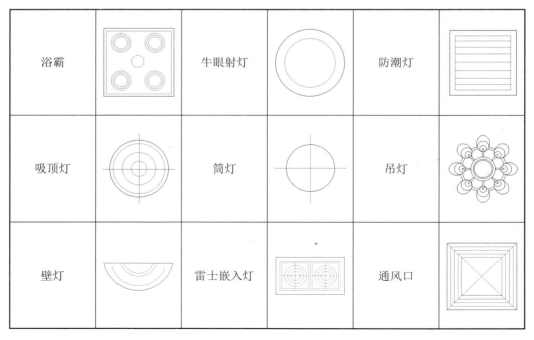

## 2.插座系列图例

| | | | | | |
|---|---|---|---|---|---|
| 开关 | | 五孔插座 | | 空调插座 | |
| 网络插座 | | 闭路插座 | | 电话插座 | |

## 3.厨卫系列图例

| | | | | | |
|---|---|---|---|---|---|
| 灶具 | | 淘菜盆 | | 抽油烟机 | |
| 微波炉 | | 锅具 | | 坐便器 | |
| 蹲便器 | | 拖把池 | | 淋浴间 | |
| 台面台盆 | | 浴缸 | | 花洒 | |
| 五金挂件 | | 冰箱 | | 洗衣机 | |

### 4.家具系列

| | | | | | |
|---|---|---|---|---|---|
| 单人沙发 | | 双人沙发 | | 三人沙发 | |
| 单人床 | | 双人床 | | 餐桌椅 | |
| 休闲座椅 | | 书桌 | | 茶几 | |
| 衣柜 | | 储物柜 | | 椅子 | |

### 5.装饰品系列

| | | | | | |
|---|---|---|---|---|---|
| 书籍 | | 平面植物 | | 立面植物 | |
| 抱枕 | | 被子 | | 拖鞋 | |
| 衣服 | | 装饰画 | | 台灯 | |
| 电话 | | 陶罐 | | 红酒架 | |

# 单元二  室内设计制图表现

　　室内设计的制图内容是把室内空间的六面体中各界面的设计分别反映在一个平面状态的图而进行表达的。一般来说,室内设计制图主要有室内平面图、室内天棚图、室内立面图和室内细部节点详图等。

4. 平面图墙体框架绘制

5. 平面布置图绘制

## 一、室内平面图

### 1. 平面图的内容

室内平面图是以一平行于地平面的剖切面将上部移去而形成的正投影图，通常该剖面选择在距地平面1.5m左右的位置或略高于窗台的位置。室内平面图主要反映以下几个方面的内容（图2.28）。

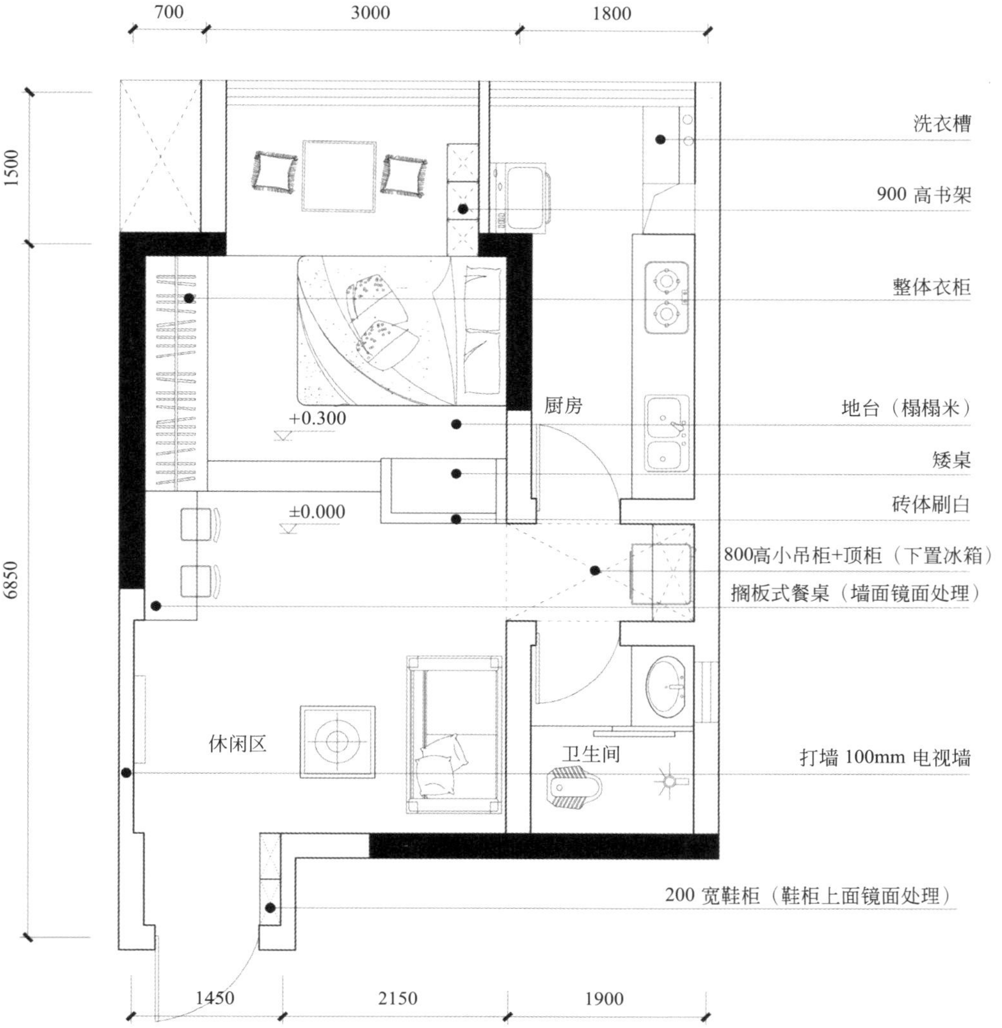

700
3000
1800
1500
6850
洗衣槽
900 高书架
整体衣柜
厨房
+0.300
地台（榻榻米）
矮桌
±0.000
砖体刷白
800高小吊柜+顶柜（下置冰箱）
搁板式餐桌（墙面镜面处理）
休闲区
卫生间
打墙 100mm 电视墙
200 宽鞋柜（鞋柜上面镜面处理）
1450
2150
1900


图 2.28　室内平面布置图

① 室内空间的组合关系及各部分的功能关系。

② 室内空间的形状及大小、门窗的位置及水平方向的大小。

③ 室内空间家具及其他设施的平面布置、绿化、窗帘、灯饰等在平面中的位置。

④ 室内空间的地台关系（高差关系）和室内材料以及地纹肌理的基本划分和组合。

### 2. 平面图的画法

① 画出建筑墙体（或其他类型的隔断墙以及未剖切到的隔断墙）的中心线（图2.29）。

② 以墙中心线为基础画出内外墙体以及隔断的厚度（图2.30）。

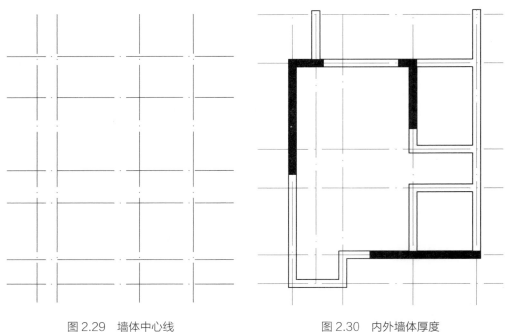

图 2.29　墙体中心线　　　　　　　　图 2.30　内外墙体厚度

③ 画出墙体上的门窗以及相应位置（图2.31）。

④ 画出家具以及其他室内设施布置的相应位置。

⑤ 加深、加粗剖切线，并按图线的等级及要求完成各部分内容。其中墙体剖断线最粗，家具及未剖切到的隔断墙的轮廓线次之，其他划分线以及门开启方向线最细（图2.32）。

## 二、室内天棚图

### 1. 天棚图的内容

室内天棚图是假设室内地坪为整片镜面，并在该镜面上所形成的图像。室内天棚图的轴线位置同室内平面图的轴线位置保持一致。室内天棚图主要反映以下几个方面的内容（图2.33）。

6. 地面铺装图、天棚布置图绘制

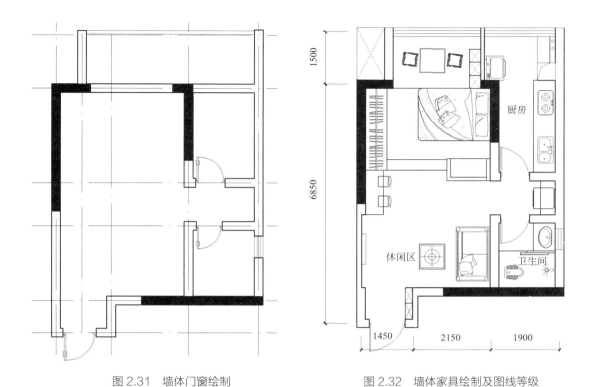

图 2.31 墙体门窗绘制                                图 2.32 墙体家具绘制及图线等级

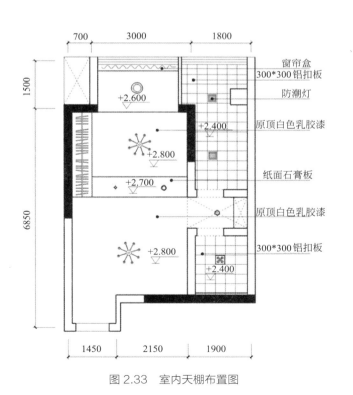

图 2.33 室内天棚布置图

① 室内空间组合的标高关系和天棚造型在水平方向的形状和大小。

② 天棚上灯饰、窗帘等布置的位置及形状。

③ 空调风口、消防报警和音响系统等其他设备的位置。

### 2.天棚图的画法

室内天棚图的轴线位置要同其对应的室内平面图的轴线位置相一致。

① 画出建筑墙体（或其他类型的隔断墙，主要指到顶的各种墙体）的中心线。

② 以墙中心线为基础画出墙的厚度。

③ 画出天花的造型形状及定位尺寸（图2.34）。

④ 画出天花上灯饰的布置、窗帘的位置以及室内其他设备的位置（图2.35）。

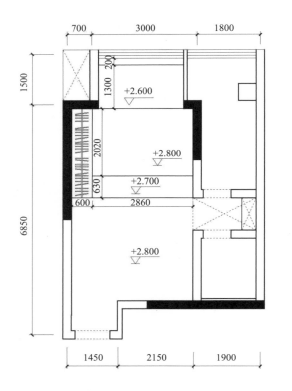

图 2.34　天花造型定位

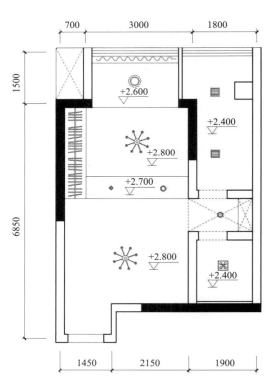

图 2.35　灯饰及窗帘布置

⑤ 画出天花材料的划分线（图2.36）。

⑥ 加深、加粗墙体剖断线，并按图线的等级及要求完成各部分的内容。其中墙体剖断线最粗，主要天花轮廓线中粗，其他次要投影外轮廓线次之，材料划分线、引出线等最细（图2.37）。

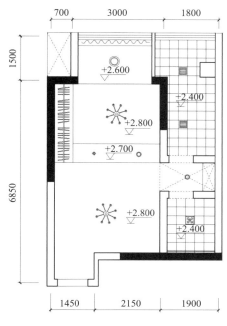

图 2.36 天花材料的划分线

窗帘盒
300*300 铝扣板
防潮灯
原顶白色乳胶漆
纸面石膏板
原顶白色乳胶漆
300*300 铝扣板

图 2.37 天花图线等级划分

# 三、室内立面图

## 1.立面图的内容

室内立面图通常是假设以一平行室内墙面（假若该室内空间基本是一个立方体）的切面将前部切去而形成的正投影图。一般说来作为一个室内空间应有四个立面。室内空间立面图表达的内容有以下几点（图2.38）。

7. 立面图绘制

原墙乳胶漆 造型隔板　订制电视柜 书柜　　石膏板吊顶　　现场制作衣柜 石膏板吊顶
实木踢脚线 打墙100艺术墙纸 成品电视 电脑桌兼餐桌 现场制作衣柜 木地板地台 白色乳胶漆饰面

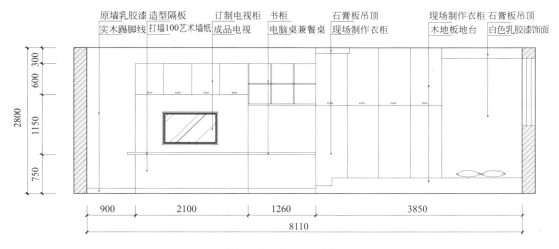

图 2.38 室内立面图

① 室内空间标高的变化。

② 室内空间中门窗的位置及高低。

③ 室内垂直界面及空间划分构件在垂直方向上的形状及大小。

④ 室内空间与家具（尤其是固定家具）及有关室内设施在立面上的关系。

⑤ 室内空间与室内悬挂物及陈设、公共艺术品等的相互关系。

⑥ 室内垂直界面上的装饰材料的划分和组合。

### 2.立面图的画法

① 先画出室内地坪线或地坪高差关系，天花剖切线以及墙体的中心线，并画墙体的厚度（图2.39）。

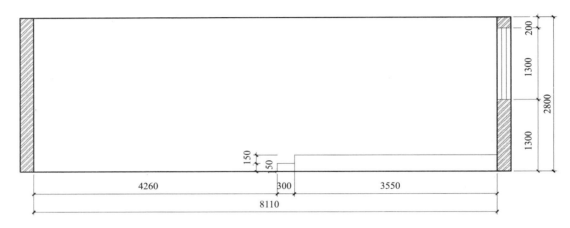

图 2.39　室内地坪高差关系及墙体绘制

② 画出门、窗洞口的高度。

③ 画出室内垂直界面以及空间划分构件在垂直方向上的形状和大小以及其他投影轮廓线（图2.40）。

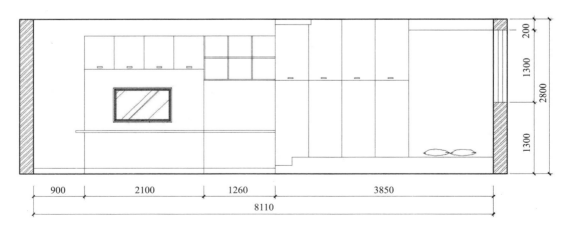

图 2.40　室内垂直界面上的投影轮廓线

④ 画出室内垂直界面材料的划分和材料引注。

⑤ 加深地坪、天花、墙体的剖切线，然后按图线的等级及要求完成各部分的内容。其中剖切线最粗，主要的外轮廓投影线次之，材料划分线最细（图2.41）。

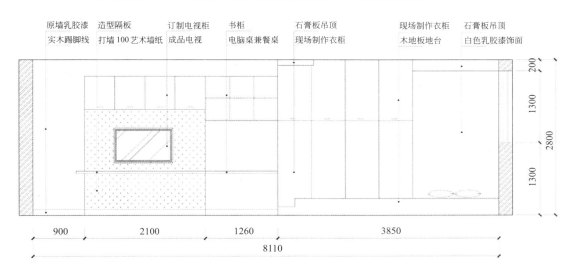

图 2.41　室内立面图线等级划分

## 实训案例一：三居室室内图纸绘制流程

### 1. 平面布置图步骤（图2.42）

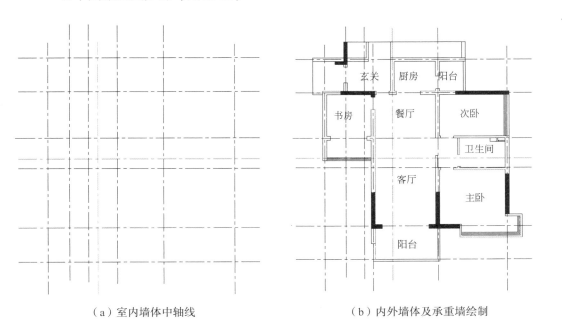

（a）室内墙体中轴线　　　　　（b）内外墙体及承重墙绘制

图 2.42

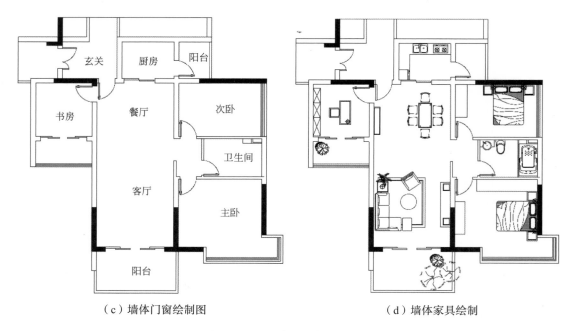

（c）墙体门窗绘制图　　　　　　　　　　（d）墙体家具绘制

图 2.42　三居室平面布置图步骤

## 2.天棚图绘制步骤（图2.43）

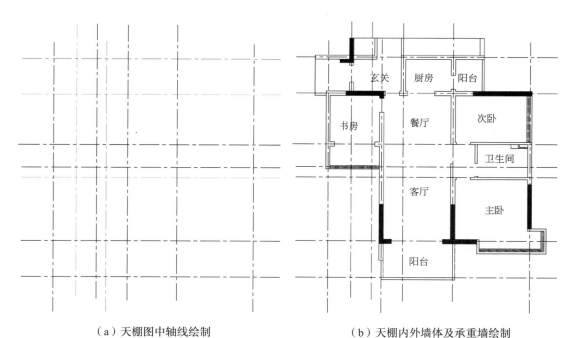

（a）天棚图中轴线绘制　　　　　　　　（b）天棚内外墙体及承重墙绘制

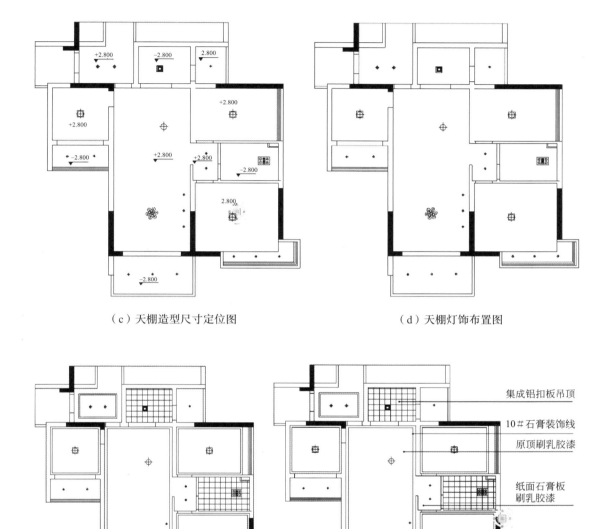

（c）天棚造型尺寸定位图　　　　　　（d）天棚灯饰布置图

（e）天棚材料划分图　　　　　　（f）天棚布置图

集成铝扣板吊顶

10#石膏装饰线

原顶刷乳胶漆

纸面石膏板
刷乳胶漆

预留窗帘
盒顶

防潮木方板
吊顶

图 2.43　三居室天棚布置图步骤

## 3.立面图绘制步骤（图2.44）

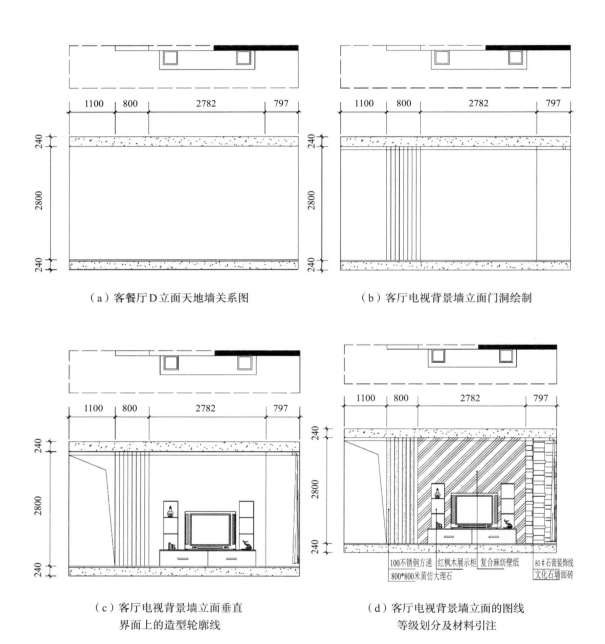

（a）客餐厅D立面天地墙关系图

（b）客厅电视背景墙立面门洞绘制

（c）客厅电视背景墙立面垂直
界面上的造型轮廓线

（d）客厅电视背景墙立面的图线
等级划分及材料引注

图2.44 三居室立面图绘制步骤

# 实训案例二：完整两居室样板房方案设计

具体见图2.45 ～图2.55。

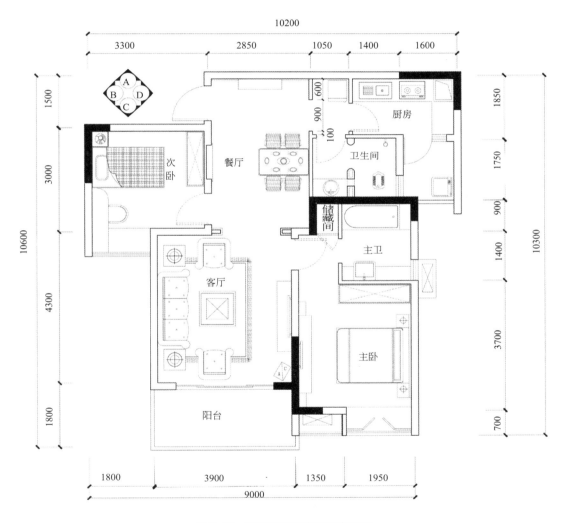

图 2.45　两居室样板房平面布置图

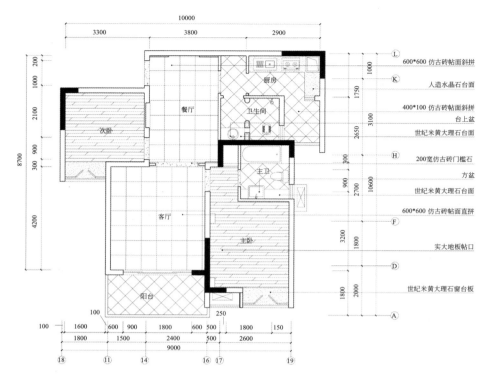

图 2.46　两居室样板房地面图

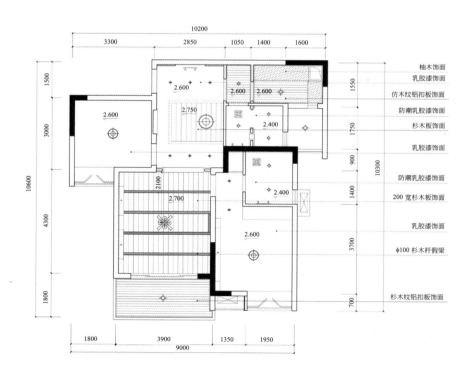

图 2.47　两居室样板房天棚图

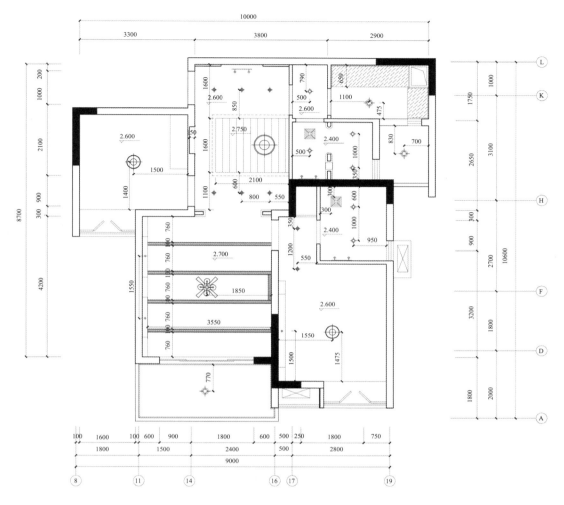

图 2.48 样板房天棚尺寸定位图

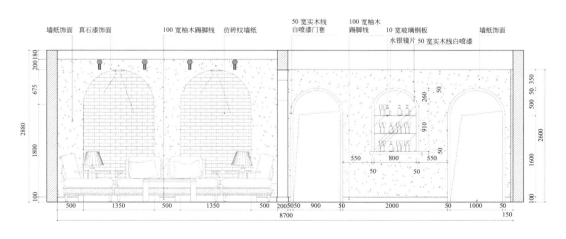

图 2.49 客厅 B 立面图

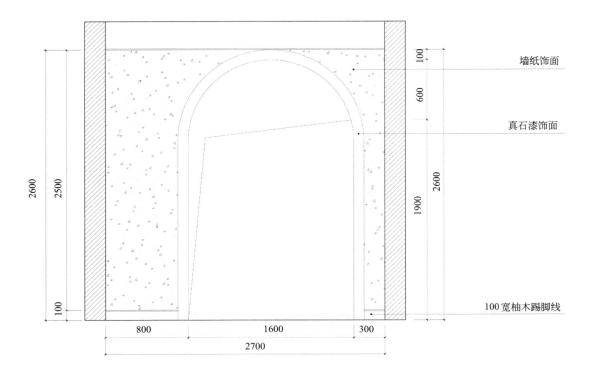

图 2.50　客厅 A 立面图

墙纸饰面

真石漆饰面

100 宽柚木踢脚线

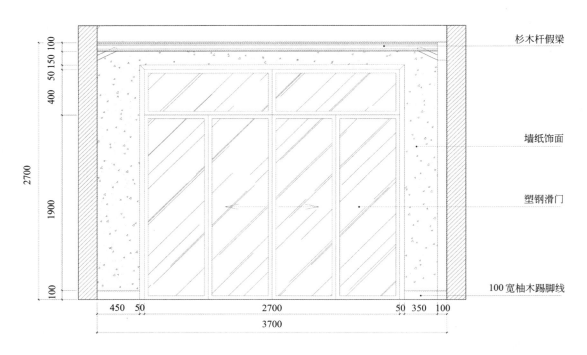

图 2.51　客厅 C 立面图

杉木杆假梁

墙纸饰面

塑钢滑门

100 宽柚木踢脚线

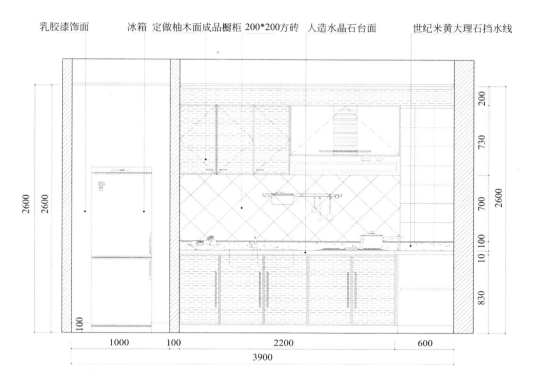

乳胶漆饰面　　　冰箱 定做柚木面成品橱柜 200*200方砖　人造水晶石台面　　世纪米黄大理石挡水线

图 2.52　厨房 A 立面

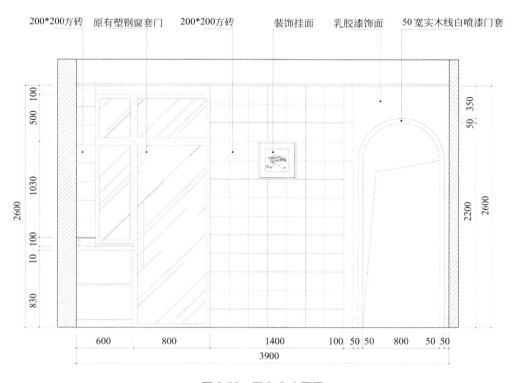

200*200方砖　原有塑钢窗套门　200*200方砖　　装饰挂面　乳胶漆饰面　50宽实木线白喷漆门套

图 2.53　厨房 C 立面图

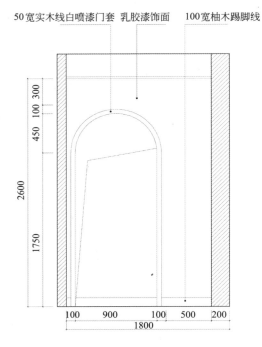

50宽实木线白喷漆门套　乳胶漆饰面　　100宽柚木踢脚线

图2.54　厨房B立面图

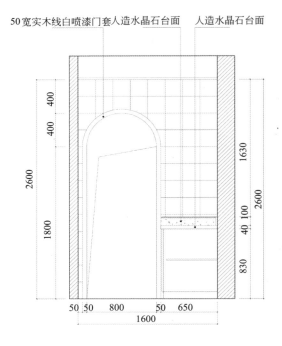

50宽实木线白喷漆门套人造水晶石台面　　人造水晶石台面

图2.55　厨房D立面图

## 四、室内透视图

### 1.透视图的形成

透视图属于中心投影，它的形成可看成以人眼为投影中心，假设人眼与物体中间有一层透明的平面（我们称为投影面）然后通过这个透明的投影面来观察物体，把观察到的物体视觉印象描绘在该平面上，得到的图形便是透视图。

### 2.基本概念

① 视点：人眼的观测点。

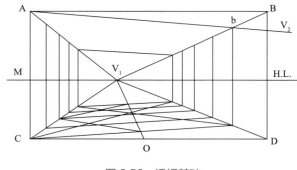

图2.56　透视基础

② 站点：人在地面上的观测位置。

③ 视高：眼睛距离地面的高度。

④ 基面：地面。

⑤ 画面：假想的位于视线前方的作图面，画面垂直于基面。

⑥ 基线：基面和画面的交界线。

⑦ 视平线：画面上与视点同一高的一条线，也就是说此线高度等于视高（图2.56）。

⑧ 视心：过视点向画面分垂线，交

视平线上的一点。

⑨ 中心视线：过视点向视心的射线。

⑩ 灭点：透视线的消失点，其位置在视平线上。

### 3.透视的分类

一点透视：当物体三组棱线中的延长线有两组与画面平行，只有一组与画面相交时，其透视线只有一个交点，所形成的透视便只有一个灭点，称一点透视。由于形体的一个表面与画面平等，故也称平行透视，多用于画室内、街道等的透视。

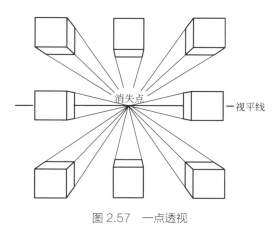

图2.57　一点透视

两点透视：当物体三组棱线的延长线中有两组与画面相交时，其透视线便有两个灭点，因此称两点透视。两点透视的形成主要是因为物体的主面与画面有一个角度，因而也称成角透视。

（1）室内一点透视

物体的两组线，一组平行于画面，另一组水平线垂直于画面，聚集于一个消失点（图2.57）。

一点透视能展现室内5个界面，图面效果稳定，适于表现静态单纯的空间环境。画面中平行于基准面的各个垂直面，其水平、垂直尺寸比例不变，纵深方向的尺寸逐渐缩小，消失于灭点（图2.58）。

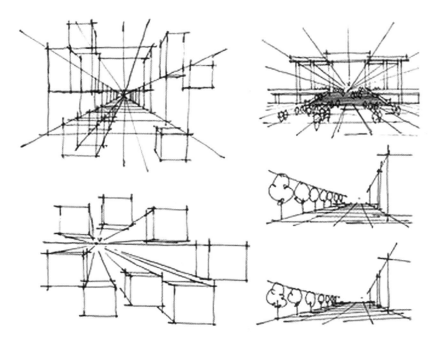

图2.58　一点透视画法示例

一点透视多用在室内画图和街道两旁的树木、建筑物等的画图,特别是在室内画图中,其用途是非常的广泛。下面就以室内一点透视为例,研究一下一点透视的画法原理。

① 绘制界面轮廓

通过灭点向上做垂线,与基准面交于点A,这就是灭点在基准面上的平面位置。按比例绘制基准面,做一条平行于基准面底线的水平线,水平线与基准面底线距离为视高。通过A点向上做垂线,与视平线相交于点"M",M即是该透视图的灭点(图2.59)。

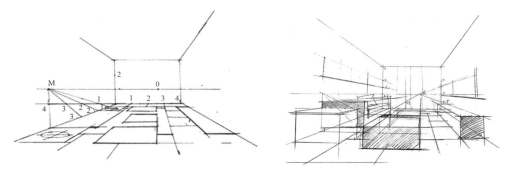

图 2.59 透视步骤(一)

分别连接四个基准面角点与灭点M,这样就绘制出了这个单人卧室一点透视的五个界面。

绘制出界面后还要求绘一个十分重要的点——距点。首先标出视平线与基准面的交点C,自C点开始,向右量出立距,从而得到D点,这就是距点。

② 将平面"搬"到透视平面上

基准面上所有尺寸反映的都是物体的真实尺寸,也叫作真高面。因此透视图中构件、家具的尺寸都要在这个面上量取。下面我们首先绘制这个单人卧室最右边的长柜体。在真高面延长基准面的底线,使画中的距离等于柜体的真实长度。连接地面基准线,与墙角线相交于一点。这样图面距离即为该柜体在透视图中的长度(图2.60)。通过这个方法可以求出其他家具在透视中的平面位置。

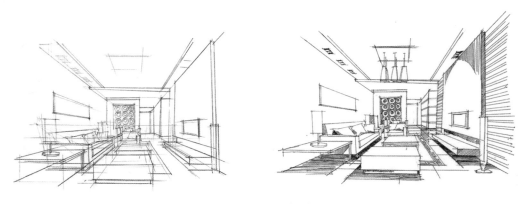

图 2.60 透视步骤(二)

③ 表现家具

分别通过上图使得柜体的四个顶点向上做垂线，其中最里面的一个面与基准面重合。柜体的高度在基准面上量取，垂直基准线并延长，与柜体的垂直线相交，以此方法求得柜体的立体图形（图2.61）。

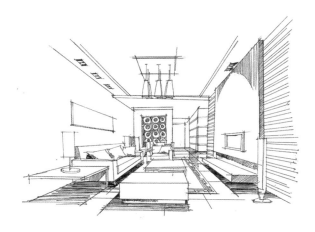

图 2.61　透视步骤（三）

下面以酒店大堂为例来说明一点透视的基本画法。

一点透视是一种最基本、最常用的透视。下面将一点透视分为两种画法，即内向型画法和外向型画法。

内向型画法，是一种由近向远、由外向内计算进深的平行透视表现方法，作图步骤具体如下。

步骤一：首先按实际物体宽度和高度的实际尺寸精确计算出比例后，画出一个图形，这个图形就是"基准面"，基准面的画法要比所有纸张略小一些。然后以实际尺寸的1m为单位，按比例为这个"基准面"画上标记（尺寸）。

步骤二：首先确定视平线，一般情况下，视平线以1.6m或1.7m作为人的平均身高，这个高度也可以称为"正常身高"。根据实际需要，这个高度可做相应调整。在作图过程中对于怎样定好视平线的位置总结出了一个常用的规律，就是在高的中间三分之一部分上下移动，向上移动绘制地板的物体较丰富，向下移动绘制顶棚的物体较多，特殊情况下也可在超出中间三分之一的部分绘制视平线，只是绘制最后的透视效果在视觉上会有所变形。接下来在视平线上确定灭点，灭点的位置要根据实际需要进行左右调整，大致可按2 ∶ 3或1 ∶ 2的关系确定。简单来说也可在视平线的中间三分之一内左右移动。

步骤三：在"基准面"以外的视平线上确定测点，注意测点设定的位置要靠近"基准面"边缘。在平面图上找到显示完整的进深（即房间的长）的尺度，我们将测点分别连接于进深的尺寸标记，所连接的线段在通过墙角线时生成了交叉点。

步骤四：从各个交叉点引垂线和水平线分别交于其墙角线，由此就生成了视线终点的墙面，我们形象地称它为"终结面"。这样一点透视的内向型画法的空间透视图就完整的呈现出来，然后再以精确的比例尺将室内所需的物品加入该房间透视图中即可。

外向型画法与内向型画法正好相反，是一种由远至近、由内向外的平行透视表现方法（图2.62、图2.63）。

图2.62　透视外向型画法（一）

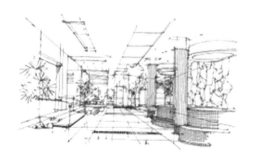

图2.63　透视外向型画法（二）

步骤一：将"基准面"按比例画出，随后按实际尺寸标注出单位标记，不过这个"基准面"在纸上的比例非常小。

步骤二：与前面的方法相同，确定视平线和灭点。在这里有所不同的是，这次要由灭点引放射线分别穿过四个墙角，一直延伸到"基准面"外直至接近纸张的边缘。

步骤三：在接近进深长度的地方标记的视平线上确定测点，然后由测点分别引线相交墙角线延长部分。

步骤四：用与内向型画法完全相同的方法，分别引水平线与垂直线，并生成透视框架。

这两种方法的原理和步骤是完全相同的，区别只在于"基准面"与"终结面"的互换，综合比较，内向型更为便捷，而外向型在确定基准面比例大小方面往往仅凭感觉来估计，容易画的过大或过小，不易掌握。在实际表现中，对这两种方法的选择还是根据个人的视觉和表现习惯而定。

（2）室内两点透视

① 两点透视原理

两点透视也称之为"成角透视"，即当室内环境的主体与画面成一定角度时，各个面的各平行线向两个方向消失在视平线上，且产生出两个消失点的透视现象（图2.64）。这种透视表现的立体感强，画面效果自由活泼，在绘制私人会所设计表现效果图中用的最多，是一种具有较强表现力的透视形式。立方体画到画面上，立方体的四个面相对于画面倾斜成一定角度时，往纵深平行的直线产生了两个消失点。在这种平行情况下，与上下两个水平面相垂直的平行线也产生了长度的缩小，但是不带有消失点。

图2.64　两点透视基本画法

在平行透视中假设所有的物体都是平行摆放的，而实际物体与画面常常会成一定的角度，因此运用两点透视就能较准确地表现每一个物体。

② 两点透视的作图原理

两点透视是在透视制图中用途最普遍的一种作图方法，它常用在室内、室外、单体家具、展示、展览厅等场所的效果图绘制中，其透视成图效果真实感强（图2.65）。

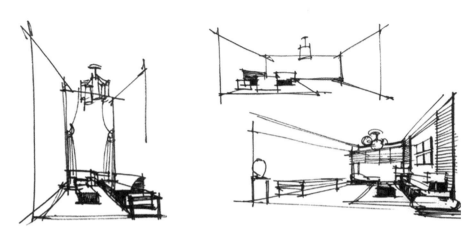

图 2.65　两点透视画法示例

在前面的一点透视画法的步骤中我们已经了解到了基准面、视平线、灭点、测点等透视基础术语的性质和作用。下面分步骤来解析两点透视作图的基本方法及原理。

步骤一：在图纸中间部位画一条垂直线，称为"真高线"。真高线的作图规律是，在图纸的中间三分之一部分左右或上下移动，而真高线的长度最好不要超过图纸的三分之一高，这样两点透视图的效果会让人视觉上更加的舒服。接着再画一条水平线，这条水平线与我们一点透视中相同，也叫作"视平线"，视平线的作图规律与一点透视相同，然后再在真高线下画一条垂直与真高线的水平线，称为"刻度线"，刻度单位要和实际尺寸相一致。在视平线上定两个测点，测点的定位分别需比房间的长、宽略向内收一点，再在视平线上定两个灭点。由两个灭点经真高线两端分别引直线即产生了地角线和墙角线，再由两个测点各自经刻度线来分割地角线，得出长和宽的透视点（图2.66）。

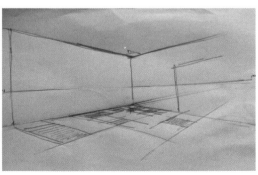

图 2.66　两点透视画法步骤（一）

步骤二：从地角线向上引出垂线形成两个墙面，由两个灭点分别经地角线的透视点引出线形成地面网格。从地角线的透视点逐点向上引垂直线与顶角线相交，再由两个灭点分别经真高线上的刻度点画出墙面网格。这就得出了两点透视的空间图，再在空间中画所需物品及形成室内两点透视图（图2.67）。

步骤三：细部刻画，完成作图（图2.68）。

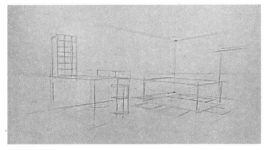
图2.67　两点透视画法步骤（二）

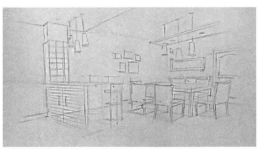
图2.68　两点透视画法步骤（三）

## 实训案例三：室内透视图绘制——餐厅

8.室内透视图绘制——餐厅1　　9.室内透视图绘制——餐厅2　　10.室内透视图绘制——餐厅3

## 五、手绘制图的色彩表现

手绘是学室内设计的必修课，也是很重要的一门，手绘能表达我们室内设计的创意，为谈单时候的快速表达，提供很直观的视觉表现。手绘效果图是用比较写实的绘画手法表现室内的结构与造型形态，是用绘画手法来表现一种室内设计构想的语言。它要运用理性的观念来作图，它既能表现出功能性又可以表现出艺术的生动效果，因此是比较重要的设计表现方法。这些快速手绘图往往都具有独特的艺术审美价值和感染力，当客户看到设计师精美的手绘图时，一方面会感叹设计方案的完美，另一方面更会诚服于设计师的设计能力，也会对未来的设计施工表现出强烈的兴趣和向往（图2.69）。

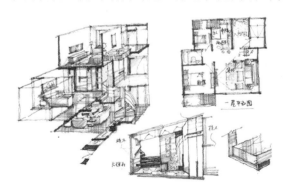
图2.69　手绘草图

### 1.手绘平面图

室内装饰平面布置图就是平面布置图,主要是表明建筑物室内空间图的整体布局,例如,空间划分、使用功能的划分,室内家具、家电、绿化、陈设等物品的位置、形状和大小,地面的功能和装饰布置(图2.70)。一个优秀的设计师能在短时间内用精美准确的手绘平面图和客户进行沟通,不仅可以缩短谈单时间,还可以提高谈单的效率。

### 2.手绘立面图

室内装饰设计可通过工程制图、模型、文字说明及效果表现图等形式表达出来。其中,工程制图虽表现得最为确切,但由于其专业性太强而使一般未经专业训练的人很难读懂,尤其是为业主提供设计方案时,设计人员与业主之间对设计方案的理解常常不易沟通。模型,因直观性强,并可以从不同角度进行观察,在国内外设计领域内被广泛应用,但它却无法表现出建筑物所处的环境、气氛和材料质感,故而显得美中不足。文字说明是设计师设计的辅助手段,仅可以作为视觉形象的补充说明(图2.71)。

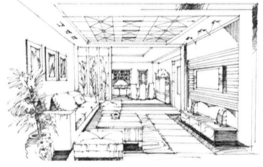

图 2.70　手绘平面图　　　　　　　　　图 2.71　客厅手绘立面图

上述三者都不如效果表现图真实感人,具有说服力。效果表现图具有直观性、真实性、艺术性,使其在设计表达上享有独特的地位和价值,这一点已被我国近年来室内设计效果图艺术领域的飞速发展所证明。它作为表达和叙述设计意图的工具,是专业人员与非专业人员沟通的桥梁。在商业领域里,室内设计效果图,其优劣直接关系竞争的成败(图2.72)。

图 2.72　客厅手绘效果图

11. 手绘色彩上色

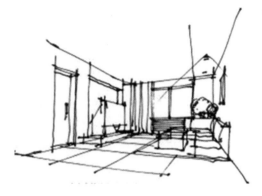

图 2.73　手绘客厅草图

### 3.手绘效果图

手绘效果图中运用线描的表现手法，可以使作品的个性突出，更具有丰富的想象力和感染力。线是经过设计师头脑中主观加工的产物，是经过抽象和综合的结果。线不仅能表现具象的效果，还可以表现意象、抽象和半抽象以及装饰性的效果。在客观世界中不存在的线，在艺术世界中可以有，而且还可以在某种形式和谐统一的构成中，成为设计表现中的主要手段。手绘效果图表现技法中以线为骨干，同时结合色彩及彩色铅笔画技法、马克笔画技法的手法，有利于透过表面的直觉，深入研究客观对象的实质，增长造型艺术规律性知识。

（1）单色表现

基本的表现工具是钢笔或针管笔，其笔尖质坚，由于受笔尖宽度的限制，不可能像铅笔侧锋那样画出浓淡不同的影调变化。所以主要通过对线条的排列、叠加、疏密、曲直、粗细等组合产生不同的表现效果；由于线条的叠加、方向、长短的不同，排列组合后在纸面上产生强烈的黑白对比效果，给人以丰富的视觉印象，从而达到表现不同对象的目的（图2.73）。

尽管手绘图画的线条为单色，但画风比较严谨，细部的刻画和面的转折都能做到精细准确，具有较强的层次感。手绘图由于其特有的特性，下笔后不易修改，所以需要具备深厚且扎实的速写功底，要表现自如、准确、生动的捷径就是多画，做到笔不离手，长期训练和积累，就可以达到娴熟、自如、流畅的效果。手绘效果图技法易于掌握和较有把握控制画面的整体效果（图2.74、图2.75），具有绘制速度快、空间关系表现丰富与色彩细腻等特点。在训练的时候，要求一个阶段训练一个内容、解决一个问题，这样强调了学习的阶段性、侧重性，目的和要求明确，问题解决也会快一点。

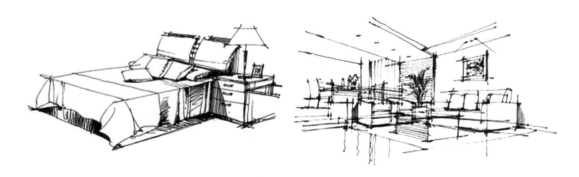

图 2.74　手绘卧室小景　　　　　图 2.75　手绘客厅效果图

对不同表现工具的技法来讲，都有其不一样的特性和表现效果，同时也都有着各自的局限性。为了达到要表现设计效果的内涵与气质，单用某一种技法就略显不足了，这样就需要用几种不同工具同时表现的综合性表现技法。

（2）手绘效果图色彩表现步骤

手绘效果图有方便、简单、易掌握的特点，在快速表现中，用简单的颜色和轻松、洒脱的线条即可说明室内设计中的用色、氛围及用材。

步骤一：先绘出室内陈设的基本轮廓，在设计构思成熟后，用铅笔起稿，把每一部分结构都表现到位。这一步是起稿阶段，要做到胸有成竹，在与客户沟通前要认真看图纸，查阅资料，分析方案，这样在谈单时才会流畅绘出（图2.76）。

步骤二：绘出陈设的基本特征（图2.77）。

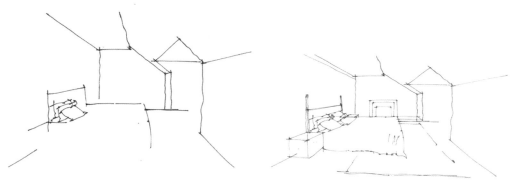

图 2.76　步骤一　　　　　　　　　　　　　　图 2.77　步骤二

步骤三：绘出室内陈设品的细节。视觉重心刻画完后，开始拉伸空间，虚化远景及其他位置，完成后，把配景及小饰品点缀到位，进一步调整画面的线和面，打破画面生硬的感觉（图2.78）。平时要注意饰品素材的收集，根据不同风格的空间放入不同造型的饰品。

步骤四：调整室内陈设品的明暗质感表现、光影表现，还有笔触的变化，不要平涂，由浅到深刻画，注意虚实变化，尽量不让色彩渗出物体轮廓（图2.79）。

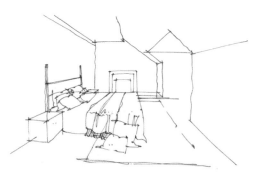

图 2.78　步骤三　　　　　　　　　　　　　　图 2.79　步骤四

步骤五：绘出陈设品的色彩布置，整体铺开润色，运用灵活多变的笔触，调整画面平衡度和疏密关系，注意物体色彩的变化，把环境色考虑进去，进一步加强因着色而模糊的结构线，用修正液修改错误的结构线和渗出轮廓线的色彩，同时提高物体的高光点（图2.80）。

步骤六：绘出陈设品的色彩布置（图2.81）。

图2.80　步骤五

图2.81　步骤六

### 4.手绘草图赏析

见图2.82～图2.85。

图2.82　书房效果图

图2.83　卧室效果图（一）

图2.84　卧室效果图（二）

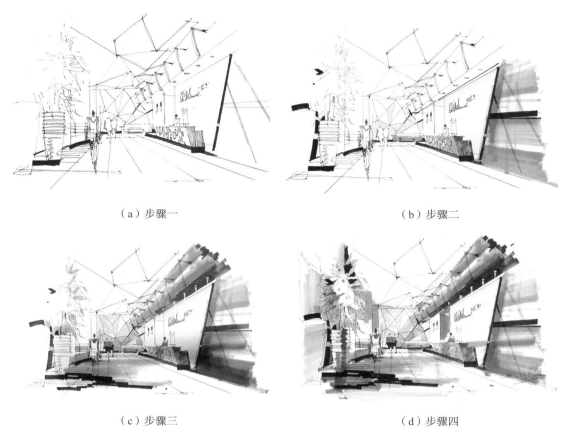

（a）步骤一            （b）步骤二

（c）步骤三            （d）步骤四

图 2.85　学生临摹作品步骤图

# 单元三　计算机辅助设计制图技术简介

## 一、CAD 基础

　　CAD（Computer Aided Design）是利用计算机设备帮助设计人员进行设计工作。本课程的任务主要是让学生从手绘制图的劳动中解脱出来，AutoCAD作为绘图软件已广泛地应用到建筑设计、室内艺术、景观设计、产品设计、施工技术人员中，目前绝大多数室内专业人员都已把它作为自己的主要绘图工具使用。室内设计专业学习CAD主要包含AutoCAD的操作技巧详解、AutoCAD在室内设计的实际运用等。CAD在室内设计制图中具有强大的图形绘制功能、精确定位定形功能、方便的图形编辑功能、图形输出功能及辅助设计功能，可完成室内平面布置图、室内天棚布置图、室内剖立面图等施工图纸的设计制作（图2.86～图2.92）。

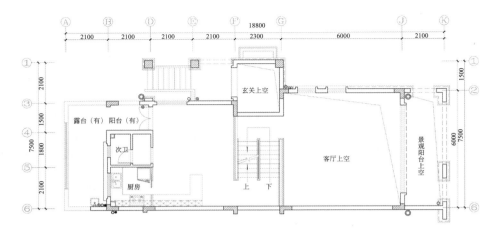

图 2.86　别墅二层原始框架图

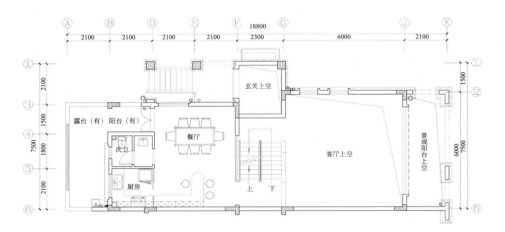

图 2.87　别墅二层平面布置图

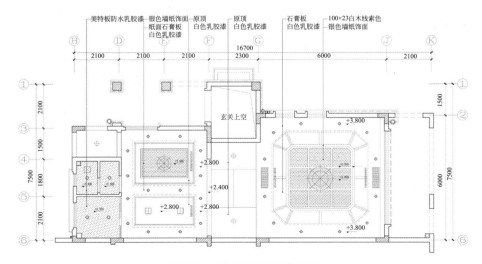

图 2.88　别墅二层天棚布置图

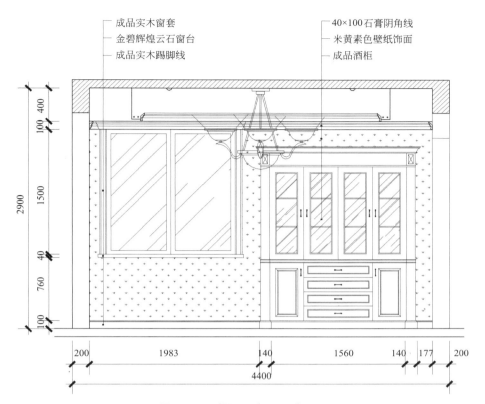

成品实木窗套 ——
金碧辉煌云石窗台 ——
成品实木踢脚线 ——

40×100石膏阴角线 ——
米黄素色壁纸饰面 ——
成品酒柜 ——

图 2.89  别墅二层餐厅 A 立面图

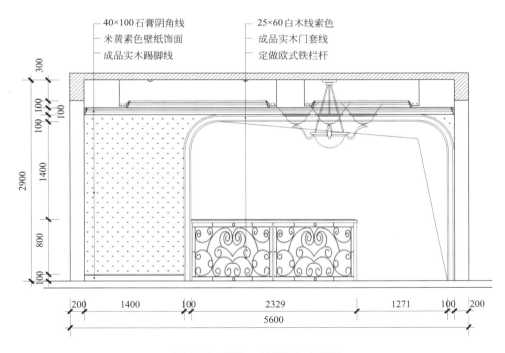

40×100石膏阴角线 ——
米黄素色壁纸饰面 ——
成品实木踢脚线 ——

25×60白木线索色 ——
成品实木门套线 ——
定做欧式铁栏杆 ——

图 2.90  别墅二层餐厅 B 立面图

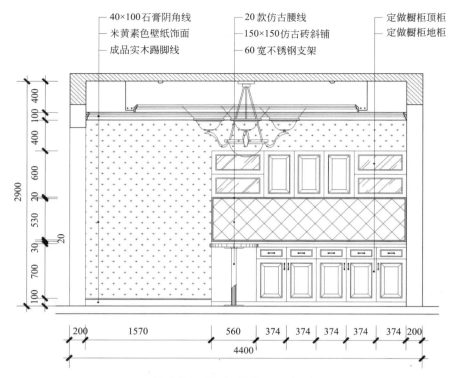

图 2.91　别墅二层餐厅 C 立面图

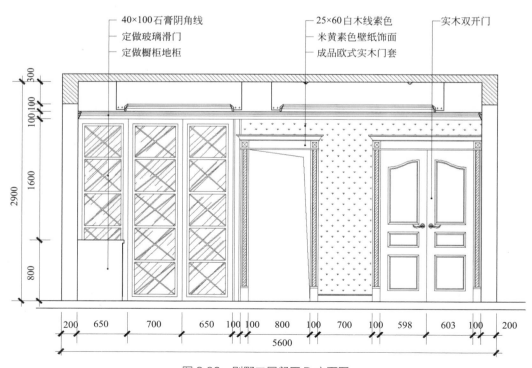

图 2.92　别墅二层餐厅 D 立面图

## 二、天正建筑基础

北京天正工程软件有限公司是由具有建筑设计行业背景的资深专家发起成立的高新技术企业，自1994年开始就在AutoCAD图形平台成功开发了一系列建筑、暖通、电气等专业软件，是Autodesk公司在我国大陆的第一批注册开发商。10年来，天正公司的建筑CAD软件在全国范围内取得了极大的成功，全国范围内的建筑设计单位，已经很难找到不使用天正建筑软件的设计人员；可以说，天正建筑软件已经成为国内建筑CAD的行业规范，随着天正建筑软件的广泛应用，它的图档格式已经成为各设计单位与甲方之间图形信息交流的基础。天正为用户提供了一系列独立的、智能高效的绘图工具集，这些工具集使用起来非常灵活、可靠，大大提高了设计的速度。而且在天正软件运行中不用对AutoCAD命令的使用功能加以限制。天正建筑设计软件的目标定位于建筑施工图，在功能大大增强的前提下，兼顾三维快速建模，模型是与平面图同步完成的，不再需要建筑师的额外劳动。在绘制平面图时，三维模型可自动形成（图2.93）。

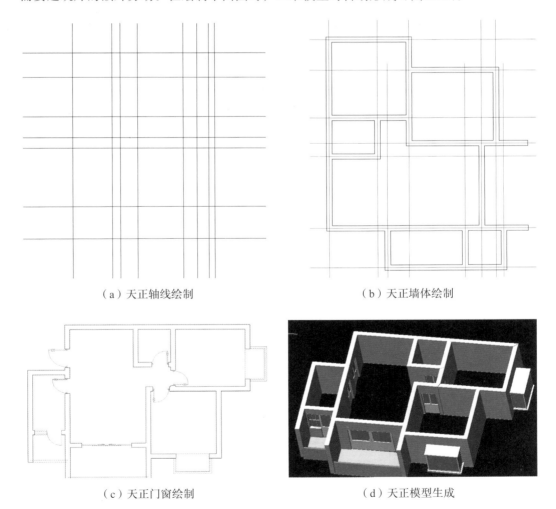

（a）天正轴线绘制　　　　　　　　　　　　　（b）天正墙体绘制

（c）天正门窗绘制　　　　　　　　　　　　　（d）天正模型生成

图 2.93　天正软件制图步骤

# 三、Photoshop 基础

　　Photoshop是平面Image处理业界霸主Adobe公司推出的跨越PC和MAC两界首屈一指的大型Image处理软件。它功能强大，操作界面友好，从而也赢得了众多用户的青睐。Adobe Photoshop是一款平面设计编辑软件。从功能上看，Photoshop可分为Image编辑、Image合成、校色、调色及特效制作部分。本课程充分考虑了手工制图与计算机制图的各自特点，其主要内容包括制图基本知识和技能，视图与剖、断面图，建筑工程制图，以及建筑装饰装修工程制图。课程围绕目标教学展开，力求深入浅出、简洁明了，特别是还要利用AutoCAD图形的导出功能，将其引入Photoshop中进行彩色平面图的绘制，以满足普通老百姓喜欢阅读彩色平面图的需要。该课程强调"实操性"，在课程中强调培养学生的规范、美观、表现丰富的制图能力。当然Photoshop软件也用来完成室内彩色立面图表现和效果图的后期处理（图2.94、图2.95）。

图 2.94　室内彩色平面图

图 2.95　室内效果图后期处理

## 实训案例一：手绘制图的色彩表现（彩铅、马克笔）

　　具体如图2.96～图2.103所示。

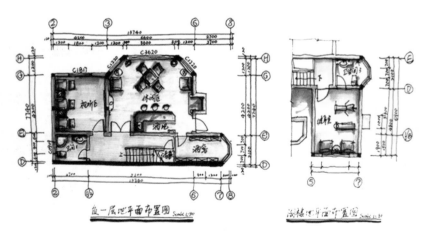

图 2.96　别墅负一层手绘平面图表现

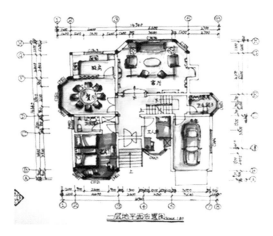

图 2.97　别墅一层手绘平面图表现

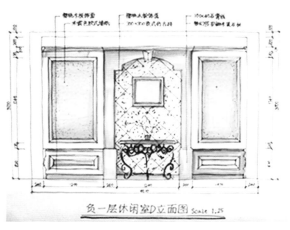

图 2.98　别墅休闲室手绘立面图表现

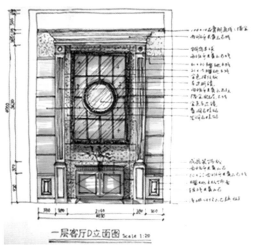

图 2.99　一层客厅手绘立面图表现

图 2.100　别墅负一层休闲室手绘效果图表现

图 2.101　客厅手绘效果图表现

图 2.102　卧室手绘效果图表现

图 2.103　主卧手绘效果图表现

## 实训案例二：手绘效果图、电脑效果图及真实照片的对比

具体如图2.104 ～图2.106所示。

图 2.104　休闲厅真实照片

图 2.105　休闲厅手绘效果图表现

图 2.106　休闲厅室内电脑效果图表现

## 练习与思考

1. 在室内设计制图中常用的图纸幅面大小有哪些？

2. 在室内工程制图中图线的种类有哪些？

3. 在室内平面布置图中通常采用的比例有哪些？

4. 室内设计中引出线主要用作什么？

5. 室内设计中尺寸标注分为哪两种？

6. 能否正确识别和运用室内设计中常用的图例？

7. 透视图有哪几种？

8. 论述一点透视的特点。

9. 收集整理优秀的国内外室内设计一点透视图例。

10. 论述两点透视的特点。

11. 收集整理优秀的国内外室内设计两点透视图例。

12. 手绘的步骤有哪些？

13. 练习各种室内空间的手绘方案。

14. 收集整理优秀的国内外室内设计手绘图例。

15. 收集整理国内外室内设计的主要风格手绘图例。

**项目实训一　机房装饰工程图样的绘制（12学时）**

第一步，教师提出实训项目——机房装饰工程图样的绘制，学生思考应该如何绘制、准备采用什么方法绘制、最后完成什么效果，提出疑问，根据疑问进行资料收集和整理（1学时）。

第二步，教师课堂答疑，强调制图的关键点及重点之处（1学时）。

第三步，学生现场量房（现场对机房的详细尺寸进行量取）（2学时）。

第四步，机房装饰工程图样的绘制。基本图样包含平面图、立面图（四个）、天棚图、透视图（6学时）。

第五步，教师点评，指出缺点，学生总结，经验交流（2学时）。

**项目实训二　两居室室内方案图绘制（20学时）**

第一步，教师提出项目——两居室室内方案图绘制，学生现场看房、量房（2学时）。

第二步，教师现场答疑，带领学生进行样板间参观，了解材料市场（4学时）。

第三步，分组讨论、制订方案（2学时）。

第四步，两居室室内方案图绘制。基本图样包含平面图、主要立面图、天棚图、效果图表现（10学时）。

第五步，教师点评，指出问题，学生总结，经验交流（2学时）。

BASIC OF THE
INTERIOR
DESIGN

室内设计初步

# 课题三
# 室内设计的相关要素

综述     在本课题中，我们介绍空间与功能布局、家具布置、采光照明、色彩、陈设、绿化等因素在室内设计的基础应用，是对室内设计认识的深化，同时为以后的相关课程学习奠定基础。

课时     10课时

# 单元一　空间与功能布局

## 一、有关空间

　　春秋时期老子在《道德经》中提出："三十辐共一毂，当其无，有车之用。埏埴以为器，当其无，有器之用。凿户牖以为室，当其无，有室之用。故有之以为利，无之以为用。"形象生动地论述了"有"与"无"的辩证关系，揭示了室内空间的围合、组织和利用是建筑室内设计的核心问题。同时，从老子朴素的辩证观看，"有"与"无"是相互依存、不可分割的。车、器、室都是"有"——有形的东西，它们给人类带来了便利，带来了利益。但"无"——无形的部分才是最大的作用，如室内空间的"无"，其虽靠顶面、墙面、地面等"有"形成，用处却是大于它们的。

　　我国传统农耕社会的根本社会居住法则是"君子之营宫室，宗庙为先，廊库次之，居室为后"。说明居住空间以宗庙为重心，兼顾精神性与物质性（图3.1）。

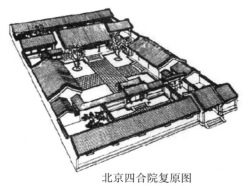

北京四合院复原图

（a）农耕社会以宗庙为先的堂屋设计　　　　（b）农耕社会的院落布置体现了传统居住法则

图 3.1　我国传统农耕社会的居住布置

　　在西方，古罗马建筑家维特鲁威在《建筑十书》中有专章讨论内部装饰和水利供给等室内设计问题。另一建筑家波里奥认为"所有生活皆需具备实用、坚固、愉快三个要素。"在2000年前从实质上把握了室内空间的功能性和精神性。

　　美国人赖特认为"功能决定形式"，建筑的实质在于内部空间，外观形式应由内部空间决定（图3.2）。空间的结构方法本身是表现美的基础，其地形特色是生活本身特色的起点，空间的实用目标与设计形式统一才能和谐。被喻为"现代建筑的旗手"的柯布西耶认为"居室是居住的机器"，生活空间设计需像机器设计一样精密正确（图3.3）。

　　东西方人士从不同角度对空间进行了论述，其中老子的观点对空间本质有深刻把握，我国传统社会更注重空间的精神性，而西方更注重空间的实用性（或物质性），当然它们都看到了空间本身是物质性与精神性并存的。

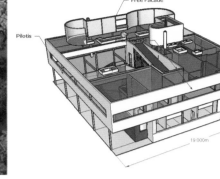

图 3.2　赖特作品　　　　　　　　　图 3.3　柯布西耶作品 sketchup 模型

　　今天，人们生活在不同的空间里，如卧室、客厅、厨房，或者是办公室、酒吧、商场。这些空间是由实体围合并由知觉推理形成的三度虚体，对其进行分割划分、提供不同的功能区域，满足于人们多方面的需求。空间的内部，相当于"无"，实体的界面，相当于"有"。因此，可以把空间定义为是由实体占据、围合、扩展并通过视知觉的推理、联想和完型化倾向而形成的三度虚体。

## 二、居住空间布局

### 1.玄关

　　在住房的整体设计中，玄关给人第一印象，是反映主人文化气质的"脸面"，是开门的第一道风景，室内的一切精彩掩藏在玄关之后。玄关一般空间不大，主要物件有鞋柜、衣帽柜、镜子、小坐凳、古董摆设、挂画、瓶花等，兼顾实用性和美观性。布置时要高低搭配、不宜杂乱，作为家居设计的一部分，其风格应与整个室内环境相和谐（图3.4）。

（a）鞋柜、挂衣架　　　　　　　　　（b）衣橱

图 3.4　玄关布局

## 2.客厅

　　客厅的规模与布置要尽可能跟上时代的变化，满足人们的心理要求。客厅布置没有一个固定的模式，设计者首先根据居住者的要求，确定一个意向设计（风格），然后再作具体的布置，常用物件有沙发、茶几、电视、组合柜、音响、灯具、挂画、陈设、绿化等。布置时，要根据房间的大小和用具的要求，合理布置，以满足视听、休闲、阅读、会客等功能。客厅由于处于室内其他空间的连接点，要留出足够的通道满足人们进出的需要（图3.5）。

（a）田园风格　　　　　　　　　　　　　　　（b）现代风格

图3.5　客厅布局

## 3.卧室

　　卧室分为主卧和次卧（老人房、儿童房、客房等），卧室设计要保证私密性、方便性，并且尽量温馨。装修风格应简洁，色调、图案应和谐，灯光照明要讲究。主卧用具包括双人床、床头柜、衣柜、化妆台、书桌和椅子，一般配有主卫；儿童房一般由睡眠区、贮物区和娱乐区组成，对于学龄期儿童还应设计学习区；老人房则主要满足睡眠和贮物功能。卧室空间布局要考虑床、柜子、电视、窗户的关系，并且需留出足够的通道（图3.6）。

（a）主卧　　　　　　　　　　　　　　　　　（b）老人房

（c）男童房

（d）女童房

图 3.6 卧室布局

### 4.餐厅

餐厅除餐桌、椅为必备家具外，还可设置酒具、餐具橱柜，墙面可布置一些摄影照片，以促进食欲。餐厅可分为独立餐厅、客厅兼餐厅、厨房兼餐厅三种形式。餐厅布置要注意从厨房配餐到饭后收拾的方便合理性，还要能体现出亲切、淡雅、温馨的环境氛围（图3.7）。

### 5.厨房

现代化的厨房要求光线充足、通风良好、环境洁净、使用方便。厨房的布置主要从方便性出发，使烹调者按照加工、洗切、细加工、配制、烹调、备餐这一系列的程序进行活动，避免相互间的干扰。L型厨房环境布置主要针对面积较小的厨房而设计，U型厨房操作台设在窗户下，洗涤池置于灶台的对面，上面可设置吊柜，这样的布置更加紧凑（图3.8）。

图 3.7 餐厅布局

（a）L型厨房

（b）U型厨房

图 3.8 厨房布局

### 6.书房

书房是住房中的工作区域，相当于家居的办公室。书房的合理布置要利于学习思考，提高工作效率，以幽雅宁静为原则。传统书房设置书桌、椅子、书柜等家具，为主人书写、阅读、创作、研究、书刊资料贮存、会客交流创造条件。当今社会已是信息时代，因此，一些必要的辅助设备如电脑、传真机等也应容纳在书房中，以满足人们更广泛的使用要求。书房设计上可从"明""静""雅""序"入手（图3.9）。

图 3.9　书房布局

### 7.卫生间

卫生间基本设备有洗脸盆、浴缸或淋浴房、抽水马桶和净身器等，还要布置梳妆台、浴巾与清洁器材贮藏柜和衣物贮藏柜。整个卫生间的布置以合理、紧凑为原则，实现便溺、洗浴、盥洗等多种用途（图3.10）。

（a）高明度的卫生间

（b）低明度的卫生间

（c）中明度的卫生间

图 3.10　卫生间布局

## 8.阳台

阳台是居住者呼吸新鲜空气、观赏外景、晾晒衣物、摆放盆栽的场所，其设计需要兼顾实用性与美观性。阳台一般有悬挑式、嵌入式、转角式三类。设计阳台时要注意排水系统的设置，花卉盆景要合理安排，既要便于浇水，又要使各种花卉盆景都能充分吸收到阳光（图3.11）。

（a）露天阳台　　　　　　　　　　　　　　　（b）主卧阳台

图 3.11　阳台布置

# 三、公共空间布局

## 1.办公室

办公室平面布置应考虑家具和设备尺寸，办公人员使用家具和设备时必要的活动空间尺度，以及房间出入口至工作位置、各工作位置相互联系的室内交通过道的设计安排等。办公室平面布置按功能需要可整间统一安排，也可组团分区布置（通常5～7人为一组团），各工作位置之间、组团内部及组团之间既要联系方便，又要避免过多的穿插，减少室内人员走动时干扰工作。办公室净高一般不低于2.6米，设计空调时不应低于2.4米，办公室应具有天然采光，采光窗地面积比应不小于1∶6（侧窗洞口面积与室内地面面积比）（图3.12）。

图 3.12　办公室布置

图 3.13 KTV 包厢

## 2.娱乐场所

娱乐场所是向公众开放、消费者自娱自乐的歌舞游艺场所，包括KTV、酒吧、夜总会、舞厅、音乐茶座、影剧院、桑拿浴室、保龄球馆、游戏厅等，种类繁多，设计风格不一。歌舞类场所一般空间高大、有时分割成若干个小空间，其室内设计以动感、刺激、热闹为特点，色彩艳丽，营造出热烈兴奋的氛围（图3.13）。音乐茶座风格常为中式或中式与现代简约的混搭，材质以实木为主，以安静、雅致为特点，有让劳累的身心得到片刻休息的氛围。保龄球馆、台球馆等运动场所其空间高大宽敞，室内照明充足，常配以小型酒吧，设计氛围兼具娱乐性、趣味性、抗争性和技巧性。

## 3.商业区

百货商场在商品的布置上，购买频率较高的商品（如日用品）宜布置于入口处或底层，底层的柜台布置要宽敞，留出足够的交通空间；使用频率和购买人流较少的宜置于商场的深处，这样可以减缓因人流穿梭和购物所造成的压力；自动扶梯应与入口保持良好的关系；还应留出安全出口，以免因发生意外而造成人员伤亡。百货商场的柜台宽度一般为600mm，高度以950mm为宜，柜台间的人行通道道宽度不应小于1800mm（图3.14）。超级市场的收款台一般设置在入口处，中心区为货架，商品分类放置。双层货架的宽度一般为900mm，单层为350mm左右，货架间距以900mm为宜，供一人推手推车通行（图3.15）。

图 3.14 百货商场布置

图 3.15 超级市场布置

## 4.酒店

酒店一般有大厅、餐厅、客房、会议厅等房间，也有带厨房的公寓式套间。酒店设计应充分反映当地自然特点和人文特色，重视民族风格、乡土文化的表现，以及体现"宾至如归"的服务特色。酒店大厅设有总服务台，在大厅较明显的地方，使旅客入厅就能看到，总台设有电脑（主要记录入住情况）、电话、时钟、保险箱、资料架等。大厅设有休息区（图3.16），作为旅客进店、结账、接待、休息之用。客房应有良好的通风、采光和隔声措施，以及良好的景观（如观海、观市容、观庭院等），客房分标准间、单人间、双人间、套间等（图3.17）。

图 3.16　酒店休息区　　　　　　　　　图 3.17　酒店客房

# 单元二　室内家具布置

12. 室内家具布置

## 一、有关家具

　　家具是人们生活的必需品，它有依托、收纳、隐藏或展示的功能。由于它在室内空间中占有很大的比例，对室内环境的效果有着重要的影响。家具是由材料、结构、外观形式和功能四种因素组成，其中功能是先导，是推动家具发展的动力；结构是主干，是实现功能的基础。家具多指衣橱、桌子、床、沙发等大件物品（图3.18）。

图 3.18　家具

　　作为一种深具文化内涵的产品，它实际上表现了一个时代、一个民族的消费水准和生活习俗，它的演变也表现了社会、文化及人的心理和行为的认知。改革开放以来，西方文化的大量导入，现代我国人已开始认同多元的文化，但是中华民族有着几千年的文化积淀，中外文化的交融和冲突更显示出多彩、复杂的一面。家具的文化背景要求我国的现代家具应以我国的民族形式，体现现代化的功能和艺术需求（图3.19）。

（a）欧式田园家具　　　　　　　　　　　（b）中式家具

图 3.19　家具的文化内涵

　　家具根据基本功能的不同可分为人体家具、贮物家具和装饰家具三种类型。根据使用材料的不同可以分为木制家具、金属家具、竹藤家具、塑料家具和软垫布面家具；根据结构形式的不同可分为框架式家具、板式家具、折叠家具、充气家具和固定式家具等（图3.20）。

（a）木制框架式家具　　　　　　　　　　（b）金属家具

（c）竹藤家具　　　　　　　　　　　　　（d）塑料家具

（e）折叠家具　　　　　　　　　　　　　　　　（f）充气家具

图 3.20　不同类型的家具

## 二、家具的作用

### 1.实用性

家具是为人们在生活、学习、工作、社会实践中供人们坐、卧或支承与贮存物品的一类器具与设备。家具的实用功能就是为人们生活提供方便，并且帮助完成各项活动，实用是其首要的功能。

### 2.组织划分空间

家具所在位置使相应的区域划分为特定的一个使用空间。如，沙发、茶几布置在客厅，加上一块地毯，就构建成为一个具有向心围合感的会客区（图3.21）；餐椅围着餐桌摆放于餐厅，形成用餐区。

### 3.弥补空间的不足

通过家具的伸缩、旋转、叠放可节省空间，如时下流行的沙发与床的组合、沙发与柜子的组合、书柜与书桌的组合等。运用折叠型家具，用时打开，不用时再折

图 3.21　沙发、茶几围合的会客区

叠，这样也可以节省空间，如餐桌、凳子等家具可制成折叠型。

### 4.装饰性

家具是人类物质文明与精神文明的产物，它体现出不同时代、不同地域、不同民族的风格特征。不同的家具式样、材质、色泽组合在居住空间中，无论在视觉上还是心理感受都具有独特的艺术表现力（图3.22）。

图 3.22　家具的装饰作用

## 三、家具布置的原则和方法

　　家具布置原则首先是使用方便，尤其是有相互联系的家具；其次是合理利用空间，布置时要尽可能充分地利用空间，减少不必要的空间浪费；最后是协调统一，室内家具布置时要考虑到材质、颜色、尺寸、风格等是否协调统一（图3.23）。

　　（a）衣柜、床高低搭配　　　　　　　　　（b）会客区围合成一圈

图 3.23　家具布置要使用方便、协调统一

图 3.24　走道式家具布置

　　家具的常见布置方式有边式、岛式、走道式。边式布置指沿墙布置家具，便于组织活动（图3.21）；岛式布置强调中心区的重要性和独立性，并使周边的交通活动不干扰中心区（图3.23）；走道式布置即沿过道布置家具，这种布置方法空间利用率较高，指向性强（图3.24）。

　　家具在室内空间的格局有对称式、非对称式、集中式、分散式等。对称式庄重、严肃、稳定，是我国传统厅堂中家具常用的布置形式；非对称式自由、活泼、轻松，常用于休息、休闲场所；集中式布局多用于使用功能单一、家具品种不多的小空间；分散式布局则用于功能多样、形式复杂、家具品种多的大空间，往往组成若干个分散的家具组团（图3.25）。

（a）对称式

（b）非对称式

（c）集中式

（d）分散式

图 3.25　家具在室内空间的格局

　　家具布置既要考虑家具本身的造型，又要考虑空间大小（图3.26）。布置时，应根据室内空间的使用性质、家具的类型和数量确定布置形式。力求使功能分区合理，动静分区明确，流线通畅便捷，空间格调明确，在满足实用功能的同时，获得良好的视觉效果和心理效应。

图 3.26　斯堪的纳维亚的家具与空间

# 单元三　室内采光与照明

## 一、采光与照明的作用

① 满足空间视觉需求。科学合理地利用室内外光源，保证室内人们各种活动正常进行所需的光量。

② 营造空间环境气氛。除了照明的实用功能外，人们更追求照明的精神功能，也就是照明的装饰作用，创造气氛的美学功能和由此产生的心理效果（图3.27）。例如舞厅使用动感的光源，用旋转的五彩聚光灯和变幻闪烁的雨灯造成活跃跳动的气氛。

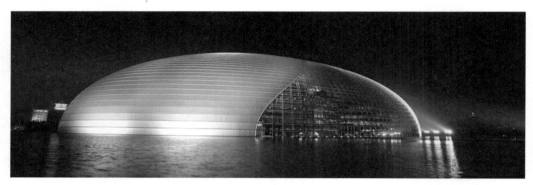

（a）国家大剧院远景

（b）国家大剧院歌剧院的灯光与照明

（c）过道照明

图 3.27　国家大剧院的照明充分发挥了创造气氛的美学功能

③ 组织和改善空间。照明方式、采光部位、照明器具、光色冷暖以及照度高低，都能影响人们对空间的感受。例如，室内空间的开敞程度与光的亮度成正比，亮的房间要感觉大一点，暗的房间要感觉小一点；冷色使空间偏大，暖色使空间偏小（图3.28）。

（a）高亮度的照明扩大了空间感受　　　　　　（b）暖色使空间偏小

（c）冷色使空间偏大　　　　（d）照明与水的倒影、反射形成水天一色的美景

图 3.28　照明组织和改善空间

　　④ 空间构图作用。将光的点、线、面以及光量、光色作为构图元素，使空间光照与其他构图因素有机结合，达到空间构图的完美体现（图3.29）。

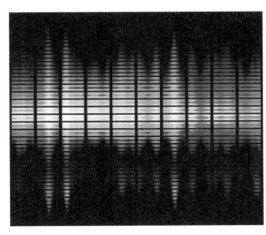

图 3.29　舞台设计常常利用光的变化来构图

## 二、照明设计应用

图 3.30　整体照明

### 1.整体照明

一般选用比较均匀的、全面性的照明灯具，常采用镶嵌于天棚上的固定照明，其特点是光线比较均匀，能使空间显得明亮和宽敞。整体照明适合于对光的投射方向没有特殊要求、工作活动很多且又不固定的情况，通常在不需要特别集中注意力的活动区域。在闲谈、淋浴、家居等场所一般采用中低照度的整体照明，而教室、办公室、图书馆、车站等公共建筑物的室内，则可采用高照度的整体照明（图3.30）。

### 2.局部照明

指在工作需要的地方设置光源，并且可以提供开关和灯光减弱装备，使照明水平能适应不同变化的需要，如商店商品陈设架或橱窗的照明，书桌上为阅读提供的台灯。局部照明要注意工作地方与周围环境的亮度对比关系，单独使用这种照明时易产生眩光和视觉疲劳的现象（图3.31）。

（a）局部照明在美术馆的应用

（b）局部照明在书房的应用

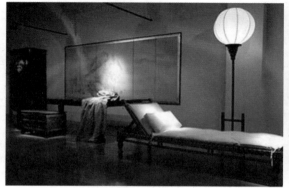

（c）局部照明在床侧和案头的应用

（d）局部照明在服装橱窗的应用

（e）局部照明在镜前的应用　　　　　　　　　　（f）局部照明在外墙的应用

图 3.31　局部照明在生活中的应用

### 3.整体与局部混合照明

在整体照明的基础上，视不同需要，加上局部照明和装饰照明，使整个室内环境有一定的亮度，又能满足工作面上的照度标准需要。这样既节约电能，又有利于视觉的舒适感，是目前室内中应用得最为普遍的一种照明方式（图3.32）。

图 3.32　整体与局部混合照明

### 4.装饰照明

指为创造视觉美感效果而采取的特殊照明方式，如为了加强活动的情调，增强某一被照物的效果，或表现某装饰材料质感而采用的照明。装饰照明常使用装饰吊灯、壁灯、挂灯等图案形式统一的系列灯具，这样可以使室内繁而不乱，空间层次增加，并渲染了室内环境气氛，更好地表现具有强烈个性的照明艺术。值得注意的是装饰照明只能是以装饰为目的独立照明，不兼作整体照明或局部照明，否则会削弱精心制作的灯具形象（图3.33）。

（a）用于建筑轮廓

（b）用于室内

图 3.33　装饰照明

# 单元四　室内色彩组织

## 一、室内色彩设计要求

### 1.主调明确

主调有反映空间主题、营造气氛、贯穿空间的作用，其影响着最后效果是典雅还是华丽，安静还是活跃，纯朴还是奢华。室内色彩的冷暖、性格、气氛都通过主调来体现，因此主调的选择是一个决定性的步骤，在此基础上再考虑局部的变化。室内主调有单色调、相似色调、对比色调、无彩色调等，墙面、顶棚、地面、家具、陈设等都要贯彻色彩主调，给人统一的、完整的、有强烈感染力的印象（图 3.34）。

（a）暖色主调

14.室内色彩组织

（b）冷色主调

（c）对比主调

图 3.34

（d）无彩色主调

图 3.34  主调决定室内色彩的冷暖、性格、气氛

## 2.色彩协调

室内色彩设计的根本问题是配色问题，这是室内色彩效果优劣的关键。孤立的颜色无所谓美或不美，只有不恰当的配色，而没有不可用的颜色。色彩效果取决于不同颜色之间的相互关系，同一颜色在不同的背景条件下，其色彩效果可以迥然不同，这是色彩所特有的敏感性和依存性，因此如何处理好色彩间的协调关系，成为配色的关键（图3.34）。

## 3.处理好色彩构成

色彩中的背景、主体和点缀，色彩的不同块面和层次，色彩的点、线、面等是色彩构成应考虑的问题。室内色彩可归纳为背景色、主体色、点缀色。

（1）背景色  背景色指墙面、地面、天棚、窗帘、帷幔等大面积的色彩，对其他室内物件起衬托作用，是室内色彩设计中首要考虑和选择的问题（图3.35）。

图 3.35  白色的墙面、天棚构成室内的背景色，黑色的家具和白色沙发则形成主体色

（2）主体色  各类不同品种、规格、形式、材料的家具，如橱柜、梳妆台、床、桌、椅、沙发等，由于视线和空间的关系，常成为室内的主体色彩。它们是室内陈设的主体，是表现室内风格的重要元素（图3.36）。

图3.36  绿色主体色与灰色背景色既对比又和谐

（3）点缀色  指室内面积小却非常突出的色彩，如门、窗、博古架、墙裙、床罩、台布、地毯、沙发、座椅、灯具、电视机、日用器皿、工艺品、绘画雕塑、盆景、花篮、插花、植物等的色彩。点缀色常可起到丰富空间环境、创造空间意境、加强生活气息、画龙点睛的作用，不可忽视（图3.37）。

图3.37  点缀色的应用

## 二、室内色彩组织

### 1.色彩的统一与变化

室内物件的品种、材料、质地、形式具有多样性和复杂性，如果不处理好，会显得"花""乱"。色彩的统一变化，可以采用大面积统一，仅突出一两件陈设的方法，如用统一的顶棚、地面、墙面、家具来突出墙上的画、书橱上的书、花卉等。还可以通过

图 3.38　室内色彩的统一与变化

限定的材料来获得，如大面积的使用木质，或用色、质一致的织物装饰墙面、窗帘、家具等地方，也可以用套装的办法，获得材料的统一。中间色彩应用也有助于统一，人们对所看到的色彩有心理上补充对立色彩的本能，因此，尽量多的使用色彩的中间段色彩，会有效补偿人们的色彩心理（图3.38）。

### 2.色彩的层次性

室内色彩的配置，一般应采取上浅下深的原则，重心处在墙壁下部，使人感到稳重，可以按地板、墙面、顶棚的顺序选择明度层次的色彩组合，使房间具有层次感。居室的色彩搭配还应考虑朝向，阴面的房间应以暖色调为主，如米黄色、淡粉色等，以增大采光系数。不同色彩物体之间的相互关系也会形成多层次的色彩关系，如沙发与墙面的层次，沙发上的靠垫与沙发的层次，在色彩层次布局时可有好的利用（图3.39）。

（a）黑白红的层次　　　　　　　　　　　（b）紫灰黑的层次

图 3.39　色彩的层次性

### 3.色彩的节奏

色彩的重复和呼应，能引起视觉上的运动，产生节奏韵律感，如同色的条纹重复出现。再如，一组沙发、一块地毯、一个靠垫、一幅画或一簇花上都有相同的色块而取得联系，从而使它们像"家人"一样，显得更有内聚力并产生韵律感（图3.40）。

（a）红、黑、米黄、银、白的重复与呼应　　　　　（b）书柜形色的重复与呼应

（c）沙发、条纹窗帘与瓶花的节奏　　　　（d）褐色、黄色、绿色、白色的呼应与节奏

图 3.40　色彩的节奏与韵律

### 4.色彩的对比与协调

色彩由于相互对比而得到加强，一经发现室内存在对比色，其他色彩就退居次要地位，视觉很快集中于对比色。通过对比，各自的色彩更加鲜明，从而加强了色彩的表现力。提到色彩对比，不要以为只有红与绿、黄与紫等色相上的对比，实际上采用明度的对比、彩度的对比、清色与浊色对比、彩色与非彩色对比更多。不论采取何种对比，其目的都是为了加强色彩的效果（图3.41）。

图 3.41　黄与紫、橙与蓝的对比与协调

# 单元五　室内陈设与绿化

15.室内陈设与绿化

## 一、陈设的应用

室内陈设是在室内空间设计和主体家具确定之后对装饰物品的陈列和摆设。当前，轻装修重装饰已成为一种趋势，家居配饰作为陈设设计的一项重要内容，对室内效果有着举足轻重的作用。室内陈设能够创造意境，陶冶情操，丰富空间层次，烘托室内气氛，柔化空间效果，调节环境色彩，塑造室内风格，展现民族特征。

### 1.室内陈设的注意事项

① 室内陈设应与使用功能协调一致。

② 室内陈设品形态、大小与室内主要家具尺度形成良好的比例关系。

③ 室内陈设的陈列布置主次得当。

④ 陈设品的色彩、材质应与家具、装修风格统一考虑，形成一个协调的整体。

### 2.室内陈设的布置

（1）墙面陈设　墙面陈设一般以平面艺术为主，如书、画、摄影，或小型的立体饰物，如壁灯、弓、剑，也常见将陶瓷、雕塑放在壁龛中，并配以灯光照明。墙面陈设常和家具发生上下对应关系，可以是较为自由活泼的形式，也可采取垂直或水平伸展的构图，组成完整的视觉效果。墙面和陈设品之间的比例关系十分重要，应留出相当的空白墙面，使视觉获得休息的机会。但如果是占有整个墙面的壁画，则可视为起到背景装饰的作用（图3.42）。

（2）桌面陈设　桌面陈设一般选择小巧精致、宜于微观欣赏的材质制品，并可按时即兴灵活更换。桌面上的日用品常与家具配套购置，选用和桌面协调的形状、色彩和质地，有画龙点睛的作用（图3.43）。

（a）照片墙

（b）立体挂饰

（c）富有艺术气息的墙面陈设

图3.42　墙面陈设

图 3.43　桌面陈设

（3）落地陈设　大型的装饰品，如雕塑、瓷瓶、绿化等，常落地布置。布置在大厅中央的常成为视觉的中心，最为引人注目；也可放置在厅室的角隅、墙边或出入口旁、走道尽端等位置，作为重点装饰。落地陈设不应妨碍交通的通畅（图3.44）。

图 3.44　落地陈设

（4）柜式陈设　数量大、品种多、形色多样的小陈设品，宜采用分格分层的搁板、博古架，或特制的装饰柜架进行陈列展示，这样可以达到多而不繁、杂而不乱的效果。布置整齐的书橱书架，可以组成色彩丰富的抽象图案效果，起到很好的装饰作用。壁式博古架，应根据展品的特点，在色彩、质地上起到良好的衬托作用（图3.45）。

（a）中式博古架陈设　　　　　　　　　　（b）现代书橱陈设

图 3.45　柜式陈设

（5）悬挂式陈设　空间高大的厅堂，常悬挂各种装饰品，如织物、绿化、抽象金属雕塑、吊灯等，以弥补空间空旷的不足，并有一定的吸声或扩散的效果（图3.46）。

（a）中式厅堂的挂画与灯笼　　　　　　　　　　　（b）挂毯

图 3.46　悬挂式陈设

## 二、绿化的应用

应根据不同部位，选好相应的植物。室内绿化通常是利用室内剩余空间，并利用悬、吊、壁龛、壁架等方式布置，尽量减少占地面积。某些攀缘、藤萝植物宜垂悬以充分展现其风姿。因此，室内绿化的布置，应从平面和垂直两方面进行考虑，形成立体的绿色环境。

### 1.重点装饰与边角点缀

把室内绿化作为主要陈设并成为视觉中心，以其形、色的特有魅力来吸引人们，是许多厅堂常采用的一种布置方式，它可以布置在厅室的中央（图3.47）。

图 3.47　重点装饰与边角点缀

### 2.结合家具、陈设等布置绿化

室内绿化除了单独落地布置外，还可与家具、陈设、灯具等室内物件结合布置，相得益彰，组成有机整体（图3.48）。

### 3.组成背景、形成对比

绿化的另一作用，就是通过独特的形、色、质布置成片的背景（图3.49）。

图 3.48　结合家具、陈设等布置绿化　　　　图 3.49　绿化背景

### 4.垂直绿化

垂直绿化通常采用天棚上悬吊方式，也可利用每层回廊栏板布置绿化。这样可以充分利用空间，并造成绿色立体环境，增加绿化的体量和氛围，并通过成片垂下的枝叶组成似隔非隔，虚无缥缈的美妙情景（图3.50）。

图 3.50　垂直绿化

### 5.沿窗布置绿化

靠窗布置绿化，能使植物接受更多的日照，并形成室内绿化景观，可以作成花槽或低台上置小型盆栽等方式（图3.51）。

图3.51　沿窗绿化

## 练习与思考

1.老子的"有""无"观对认识空间有什么启示？

2.东西方对空间的认识有哪些主要观点？

3.居住空间各部分布局的注意事项有哪些？

4.公共空间各部分布局的注意事项有哪些？

5.谈谈你对家具的认识？

6.家具的作用？

7.家具布置的原则和方式方法？

8.采光照明的作用？

9.整体照明、局部照明、装饰照明的特点与作用？

10.谈谈色调在室内色彩中的作用？

11.以客厅为例（风格自拟），谈谈配色方法？

12.背景色、主体色、点缀色的关系，如何处理？

13.你觉得在色彩构成中所学的知识能用于室内色彩组织吗？请举例说明。

14.室内陈设的作用和要求？

15.室内陈设的主要类型有哪些？

16.室内绿化的主要类型有哪些？

# BASIC OF THE
## INTERIOR
## DESIGN

室内设计初步

# 课题四
# 室内设计案例赏析

**综 述**　　　　通过对优秀室内设计案例的收集和赏析，能增加设计师个人的专业修养，提高文化知识和艺术素养，拓展建筑、室内、家具方面的知识，以及各种风格与流派方面的知识。

**课 时**　　4课时

# 单元一　如何欣赏室内设计案例

## 1.欣赏空间布局的合理性

室内设计要先满足使用功能，需要考虑业主生活的习惯和要求，最后才是美观和风格。我们在欣赏时，先看功能是否合理，再通过所学美学原理，分析设计作品的效果。在平面布局中，不同空间的功能是十分明确的，每一个空间的划分和限定都必须围绕着主题进行，要将每一家具、陈设安排在合理的位置上，要有好的交通路线，使人员流通的流线顺畅，各功能之间不受干扰。在完成以上工作后进入布局定位，这时必须将室内环境系统统一进行考虑。设计作品的材料、结构、形式、功能构成有机整体，并体现物质性、主体性、社会性。

## 2.欣赏虚实变化产生的空间感受

如大面积透空方形构架形式的采用，在室内空间中形成了一道网状的"虚"面，而在构架背后的建筑立面则成了"实"面，由于人在空间内的运动更使这种感受得以强化。阳光透过层层构架洒入，投影在墙面、地面形成生动而多变的图案，一切物体因此都产生了动感，唯独安置在室内的花草、雕塑成了静态的参照景观。这充满阳光的、室内外联通的空间，仿佛是开放的室内或几无遮拦的户外，虚幻而又令人产生诸多联想，是难以给予确切定义的一种空间形式。

## 3.欣赏设计师理念在设计作品中的体现

如图4.1所示，设计师在简约的空间形态上，勇于将现代的表现元素运用到简约整体的节奏上，并增加了许多非常精致奢华的元素，用了不少很经典的平面图案，尽管到处都是，但并不觉得复杂，反而有种构成奢华亮丽的秩序美，如此养眼、养神、养境界的画面令人陶醉。将空间经营得时尚奢华、耐看，给人一种回味无穷的视觉魅力。设计师无论是在色彩感情的冷暖控制上，还是在大胆使用材质肌理选择上；无论是在灯光渲染处理的格调上，还是在空间分割界面衔接技巧上，无论是在空间构思构图上，还是在空间六个界面的场域调度的转换上，语言简约，但不简单。

图4.1　现代空间设计

## 4.欣赏设计中所展示的文化、历史、民俗建筑文化特征等诸多因素和个人的审美情趣和艺术修养

室内设计是建筑内部环境的创造，对设计师而言，设计不仅仅是指在纸上画线，对欣赏者而言，那只是设计全过程中的一个片断，整个方案是设

计师与业主进行沟通，并可把自己的作品付诸实施的具象媒介。而从更大程度上来说，设计过程是一个复杂的思维过程，是一个创造的过程。在这些方案中，设计师反复推敲设计立意、功能、流线、造型、造价等要素，较少的设计元素来达到最佳的视觉效果，即用无生命的、抽象的、简单的造型元素的组合，创造出具有生命力的、个性鲜明的室内环境。

# 单元二　国外居室设计案例赏析

如图4.2，这是一幢美式建筑，整个建筑外观时尚、简洁、现代。条的体块，条的面块，再至条的线，于是，简单的线条这一几何语言便由此被积极地组织起来。所有的元素都在围绕"线"而扩展，横的线追求纵深的视觉效果，呈现自由舒展的形态；竖的线，终止横的闷；曲的线，作为活跃的分子而出现。并在以这一基本形为主控制形态前提下，展示不同文化、历史、民俗建筑文化特征等等诸多因素。

美式风格经常被作为高端楼盘的样板间室内设计风格，这种室内设计风格之所以越来越受到开发商的青睐，恰如美国人的形象—贵气却不刻板，追求自由和随性的生活方式，恰恰是这样随性的贵气和不羁的复古契合了现在都市人群对起居环境的要求（图4.3）。

空间的装饰语言单纯而统一，极具个性。在材质和色彩的处理上，墙体背景运用玻璃简洁又有极强的视觉冲击力（图4.4）。考虑使用功能空间，又要兼顾以后作为休闲空间资源的充分利用。所以在设计手法上，配以简洁的活动家具和陈设装饰来点缀空间。走廊地面细条木以深浅灰递进变化，纵向的扩展很有力度，一直延伸到景观尽头的另一功能空间（图4.5）。而且考究的色调对比，

图 4.2　建筑外观

图 4.3　室外走廊

图 4.4　室内夜景图

图 4.5　走道与客厅

图 4.6　走道木质地板

在光泽波动下呈现上佳品质。这边源头处木地板的线条延展开来，如平稳的步调，为彰显个性，更有造型别致的工艺品加强情景表现（图 4.6）。

餐厅里时尚硬朗的视觉享受，巧妙运用光线的有机处理以及色彩搭配，体现了现代、简洁、明了，体现了装饰的现代与美感（图 4.7），整个空间色调干净明亮，灯光布置合理，有充足的光线在合理运用的同时采用整体照明形成明亮舒适的空间（图 4.8）。

卫生间采用白色为主，加上简洁的造型材料，营造出细致的空间，让空间变化流畅自然。装饰风格体现时代审美时尚（图 4.9）。

书房平面布局巧妙安排，造型搭配错落有致，挺拔的空间造型与陈设相呼应（图 4.10）。过道若隐若现的感觉是整个空间序列的开始。它既区分两个生活区的功能性，又能有连通两区的视觉性。过道尽头的小景为这个直白的空间增添了些许的情趣（图 4.11 ~ 图 4.14）。

图 4.7　室内餐厅

图 4.8　餐厅一角

图 4.9　卫生间设计

图 4.10　书房设计

图 4.11　室内过道

图 4.12　过道尽头小景

图 4.13　露台景观

图 4.14　走道夜景图

# 单元三 国内居室设计案例赏析

16. 居室室内
设计案例赏析

## 案例一：美式风格居室设计

从建筑外观上，本案是法式建筑与中式建筑的结合体（图4.15）。入口罗马洞序列组合，具有奢华的意味（图4.15），另外，为造就一种自然氛围，用材也是极力采用自然味的材料板岩、毛石、原木、批烫粉灰、雕塑等。饰面材料的选用是为了更确切地营造设计者所要达到的那种环境氛围。

玄关选用抛光大理石的材料，减小进门对着一面墙的压迫感，有着把这堵墙推远的效果。墙面贴有暗花纹的深色调墙纸把改变后的空间似乎又拉进了一点距离，使人倍感亲切。油画的出现，为此套居家增添了不少的艺术气息（图4.16）。很大程度上，室内空间已被建筑设计所限定，一般室内设计都是在此范围内着手工作的。室内设计可以理解为建筑设计的延续。

图 4.15　建筑外观

图 4.16　室内玄关和走道

本案设计师笔下的设计少了一点美式田园的粗犷，多了一点大自然的清新，还有一点洛可可的浪漫。在古典的基调上搭配简约、时尚、清新的配饰，让自然气息随心而动。

顶棚与地面采用对应设计，并将墙面也与之贯穿来，虽采用同一基本图形，却因造型在空间中的体积、尺寸、形态的差别而产生各自不同又统一和谐的格局。点缀的灯具、雕塑、家具、工艺品的风格是西式的，因而很自然地将整个客厅的格调营造出一种异域风尚（图4.17）。

客厅作为待客区域，设计定位简洁，同时较其他空间更明快光鲜，使用大量的石材和木饰面装饰，呈现带有贵气的历史感，总体而言，明快而富有历史气息是美式风格客厅区的特点。在这个设计中，地面的方形则将此处区域与相邻区域自然地连接和过渡到一个和谐面中。众多方形以不同明度的组合形式与大块方形图案一起形成了具有良好秩序的视觉美感。在各界面上采取的重复的基本形，在视觉处理上连贯大气（图4.18）。

图 4.17　客厅吊顶及墙面设计

图 4.18　客厅设计

西餐厅处于大堂左侧，与旋转梯、柱式内廊与大堂相邻，在图形使用的比例上、风格上自然延续（图4.19、图4.20）。

图 4.19　玄关地面及吊顶设计

图 4.20　餐厅设计

美式风格的卧室布置较为温馨，作为女性的私密空间，主要以实用舒适为主。但由于妩媚的氛围是考虑的重点，所以布艺元素的运用也是美式风格在图形使用的特点（图4.21）。

图 4.21　卧室设计

## 案例二：现代简约风格居室设计

现代简约风格，是一种比较"实惠"的设计风格。不论是方案设计，还是现场施工，它总是以短、平、快、美，为大众所推崇和喜爱。其特点如下。

① 在处理空间方面一般强调室内空间宽敞、内外通透，在空间平面设计中追求不受承重墙限制的自由。墙面、地面、顶棚以及家具陈设乃至灯具器皿等均以简洁的造型、纯洁的质地、精细的工艺为其特征。并且尽可能不用装饰和取消多余的东西，认为任何复杂的设计，没有实用价值的特殊部件及任何装饰都会增加建筑造价，强调形式应更多地服务于功能。

② 与传统风格相比，简约装修设计所呈现的是剔除一切烦琐的设计元素，用最直白的装饰语言体现空间和家具所营造的氛围，进而赋予空间以个性和宁静。它既不需要多余的空间隔断，也不用过多的饰品去"庇护"。对设计师而言，把握好整体空间、寻找营造居室情趣的元素、选择与之相配套的物品和家具，其难度要比一般意义上的设计复杂得多，所以，简约不是简单，而是一种复杂的考虑与设计。

③ 简约装修同样需要挑选精品，注重细节的精巧，而不是简单的凑合或少花钱。因为空间的纯粹注定了人们对物品、家具的一目了然，于是，物品与家具便显得更为耀

眼，包括对款式、质地、颜色与搭配的高标准以及物品的造型细节等。否则，完美的简约主义会随之走样，造成不伦不类的结局。

④ 因为简约风格的造型简洁，所以色彩就要跳跃出来。苹果绿、深蓝、大红、纯黄等高纯度色彩大量运用，大胆而灵活，不单是对简约风格的遵循，也是个性的展示。简约装修强调功能性设计，线条简约流畅，色彩对比强烈，这是现代风格家具的特点。此外，大量使用钢化玻璃、不锈钢等新型材料作为辅材，也是现代风格家具的常见装饰手法，能给人带来前卫、不受拘束的感觉。由于线条简单、装饰元素少，现代风格家具需要完美的软装配合，才能显示出美感。例如沙发需要靠垫、餐桌需要餐桌布、床需要床单陪衬，软装到位是现代风格家具装饰的关键。

在本案中，设计师本着时尚沉稳的基调，营造出动人、时尚的氛围。以简洁明快的设计为主调，将元素、色彩、照明、原材料简化，符合现代风格高质感、简洁和实用的特点。满足业主经济、实用、舒适的同时，体现出生活的时尚、文化和品质。

客厅的设计用白色、灰色作为主基调色，再适当搭配茶盘亮丽的红色，起到跳跃眼球的功效，表现个性及张力，亦能活跃室内气氛，让整个空间为之更加轻松、和谐。这个设计体现了时代特征，不过分的装饰，一切从功能出发，造型比例适度、空间结构图明确美观，简洁氛围温馨（图4.22）。

人们在装修时总希望在经济、实用、舒适的同时，体现一定的文化品位。而简约风格不仅注重居室的实用性，而且还体现出了现代社会生活的精致与个性，符合现代人的生活品位。全面考虑，在此案的总体布局方面，尽量满足业主生活的需求，主要装修材料以白色喷漆、壁纸、地砖为主，利用壁纸的朴素大方来装饰墙面的景点。深棕色的沙发优雅含蓄，创造出一个温馨，健康的家庭环境。

室内墙面、地面、顶棚以及家具陈设乃至灯具器皿等均以简洁的造型、纯洁的质地、精细的工艺为主。家具突出强调功能性设计，餐厅壁柜的设计线条简约流畅，吊顶的线条简单、设计独特甚至是极富创意和个性的饰品都可以成为这个空间中不可或缺的一员（图4.23）。

图 4.22　简约风格的客厅设计

图 4.23　白色系列的客厅餐厅

在功能方面，客厅是主人品位的象征，体现了主人品格、地位，也是交友娱乐的场合，电视背景墙采用灰色底纹的壁纸（属暖色调），配上顶部照下来的灯光，整个电视背景墙把客厅提升起来，大象的装饰品非常实用（图4.23）。

餐厅是家居生活的心脏，不仅要美观，更重要的是实用性、整体性。餐厅的灯光很重要，既不要太强也不要太弱，灯光则以温馨和暖的黄色为基调，顶部做了简单的吊顶。墙面贴了局部壁纸，在餐桌的墙面上做了一个台面，可以摆放一些饰品，可以增加餐厅的情调。餐桌上黑色的餐具是设计师刻意为之，既有强烈的黑白对比效果，又和对面壁柜的黑色大象统一起来，悬空的壁柜带出一抹红色马赛克，精致且温馨（图4.24、图4.25）。

图 4.24　餐厅的设计　　　　　　　　　　　　　　图 4.25　餐厅壁柜

图 4.26　过道设计

过道是整个空间的亮点，设计师一反常态，摈弃了惯用的地板、地砖的用法，用有着优美玫瑰图案的马赛克，使整个原本狭窄的过道刹那间生动起来。玻璃格子门，时尚的挂画，显出精致的韵味，明净的玻璃映出细巧的心思（图4.26）。每天来往于玫瑰道路，该是一种什么样的心情？

品位的设计，时尚的选择，卧室装修不可忽视。卧室简约风格体现时代特征为主，没有过分的装饰，一切从功能出发，讲究造型比例适度、空间结构图明确美观，强调外观的明快、简洁。体现了现代生活快节奏、简约和实用，但又富有朝气的生活气息。外飘窗台、外挑阳台或内置阳台，合理运用色块色带处理，使立面具有较强的立体层次感，可以说是一个释放心情与烦恼的地方，轻松的环境可以带来好的心情，简约的设计，给人干净明亮的感觉。居于此，似乎有说不完的话题（图4.27）。

图 4.27　明快简约的主卧室设计

儿童卧室在颜色的选择上，尤要注意调和、纯洁，颜色种类不能过多过杂，最多在小饰品及墙面选用两种色泽搭配，运用白乳胶漆吊顶配以浅蓝色彩的墙面。简洁明快，既实用又不失儿童的天真烂漫，同时也为儿童的成长提供了良好的空间（图4.28）。

书房呈几何线条修饰，色彩明快跳跃，外立面简洁流畅，以搁板、百叶帘板式书桌为设计元素，亮丽的小饰品为直线式的空间注入活泼的气氛。满墙的书柜，彰显现代风格大气的风范（图4.29）。

图 4.28　次卧设计　　　　　　　　　　图 4.29　书房设计

此案的陈设多采用淡黄色系的物品，摆放的位置也以非对称的方法陈设。每件物品又都是设计的精品，无任何繁杂、啰唆的装饰。如从整个空间的客厅开始，一直到空间的结束—卫生间，整个空间用精致的花卉小品将其联系起来，凸显其完整性（图4.30）。

室内设计的形式美法则也通过体量大小、空间虚实的交替、构件排列的疏密、曲柔刚直的穿插等变化来实现的。此案的艺术具体手法有连续式、渐变式、起伏式、交错式等。在整体空间中虽然可以采用不同的节奏和韵律，但同一个房间使用同一频率的节奏，让人没有无所适

图 4.30　卫生间的陈设品

从、心烦意乱，这也符合了密斯·凡德罗提出的"少即是多"的现代主义风格的设计理念。

## 案例三：欧式风格居室设计

　　欧式风格强调以华丽的装饰、浓烈的色彩、精美的造型达到雍容华贵的装饰效果。宽大、厚重的家具也是欧式风格中必要的元素。欧式客厅顶部喜用大型灯池，并用华丽的枝形吊灯营造气氛。门窗上半部多做成圆弧形，并用带有花纹的石膏线勾边。入厅口处多竖起两根豪华的罗马柱，室内则有真正的壁炉或假的壁炉造型。墙面用壁纸，或选用优质乳胶漆，以烘托豪华效果。地面材料多以石材或地板为主。欧式客厅用家具和软装饰来营造整体效果。深色的橡木或枫木家具，色彩鲜艳的布艺沙发，都是欧式客厅里的主角。还有浪漫的罗马帘，精美的油画，制作精良的雕塑工艺品，都是欧式风格不可缺少的元素。这类风格的装修，在面积、空间较大的房间内会达到更好的效果。

　　本案主要以欧式风格为主，一层在入口位置设计了一门廊，在配饰上采用了白色系为主色调，在顶面做了一点层次上的划分，楼梯则采用了白色，家具也是以国外最流行的家具为主，过道区则巧妙地利用了一点壁纸作为点缀，二楼的楼梯扶手采用了与整个空间的色调统一的白色系，以此让整个空间更生动、更大气，充分地把欧式的感觉发挥出来。

　　玄关以白色调为主，强调以华丽的装饰、精美的造型达到雍容华贵的装饰效果。设计师对原衣帽间的改造一举多得，把小空间充分利用，把鞋柜从衣帽间移出，不必每次出入进出衣帽间。用百页做的装饰门巧妙地把衣帽间门与鞋柜门隐藏起来（图4.31、图4.32）。

图4.31　玄关设计

图4.32　玄关、走道、衣帽间

和谐是欧式风格的最高境界。在这个空间里，设计师通过完美的曲线，精益求精的细节处理，带给空间不尽的舒服触感。散发出浓浓的欧式贵族情怀，轻松恬静。古朴的米色地砖和富于造型的欧式家具让整个空间温暖和煦，墙面简洁的壁炉式样的造型平添几许生活气息。木梁造型和家具相呼应，在花卉的点缀下，带给人舒适的空间（图4.33）。

客厅选用的玫瑰花饰，为以大理石为主的空间注入一丝丝妩媚。客厅墙面上，装饰线条烦琐，线角变化丰富。看上去比较厚重的电视背景墙，且并不排斥勾缝、雕花的手法，金色的镜面使整个客厅显得隆重（图4.34）。

图 4.33　客厅吊顶设计　　　　　　　　　　图 4.34　客厅小景设计

墙面设计是比较费心的，采用欧式的墙纸，石膏花块的花纹比较明显，纹理也很突出。墙面的造型设计丰满艳丽，包括房间的门和各种柜门。这既要突出凹凸感，又要有优美的弧线，两种造型相映成趣，风情万种。用富贵大气，磅礴来设计，这样同时也满足了建筑装饰的特殊要求，显示了非凡的聪明才智。造型装饰程式化，形象夸张大胆，装饰类型以浮雕和彩绘为主。这里浪漫与奢华，讲究品位与安逸，创造出浑然大气的欧洲家居风格。灯具精致而不华艳，高贵而不流俗，以独特的精湛工艺来诠释时尚，铸就了经典（图4.35～图4.37）。

吊顶跟壁纸、背景墙以及家具一起，构成了欧式风格的主题。欧式吊顶的作用主要是区分空间、美化环境，还能营造不同欧式浓重的文化氛围（图4.38）。

田园风情带到了女儿房，整个房间以粉红色为基调，穿插优雅的花纹壁纸，给人纯净的自然感受。高贵的白色卧床和蕾丝边的碎花小台灯，充分满足了女孩的公主情结，整个空间搭配清新舒畅，温情而浪漫（图4.39、图4.40）。

图 4.35　客厅沙发背景墙　　　　　　　　图 4.36　客厅楼梯

图 4.37　客厅电视背景墙设计

图 4.38　客厅吊顶　　　　　　　　　　图 4.39　女儿房南墙设计

图 4.40　女儿房北墙设计

奢华的卧室空间，经典的金色与白色的装饰基调，井格吊顶中，缀以水晶球的吊灯，仿佛冬季里轻舞飞扬的雪花。现代造型的精致家具，繁花似锦的壁纸，都能带出古典欧式风格特有的质感。卧室的整体感觉端庄优雅，将欧洲贵族的敦厚精美体现出来（图 4.41）。

看似平凡的楼梯间以高雅为主，选用能提亮审美色度的家纺款式的壁纸，当然能更好地表现纯美的极简主义。搭配出特色的同时，楼梯扶手适当融入经典的白色，就立刻突出了楼梯间主体重点（图 4.42）。

图 4.41　主卧室的设计

图 4.42　楼梯间的设计

衣帽间墙面采用与客厅同款式的壁纸，起到呼应的作用（图4.43）。

卫生间的地面大理石拼花的效果非常好，光亮的大理石的反射能补充其光线，使空间更加明亮（图4.44）。

更多的案例赏析扫一扫。

图 4.43　衣帽间设计　　　　　　　　　　　图 4.44　卫生间的设计

# 单元四　公共空间设计案例赏析

公共空间是满足公众行为的空间，它通过对公众的行为、环境、习俗等因素的综合思考而进行空间设计。

室内公共空间设计的创意与营造包含物质层面的创新与精神层面的创意，两者相互影响，它是思想、艺术、文化、品位的结合。在设计的过程中，设计师会在原有事物基础之上发挥一切想象与创意，将创意付诸实践，营造出舒适美观的室内公共空间，从而完成从物质到精神的升华。

### 案例一：证券交易所办公空间

办公室是员工们集体办公的场所，还是一个对外展示公司企业文化、实力的地方，所以在办公室装修设计时需要考虑各种因素，确保办公室装修设计的顺利进行。

本案例的室内空间设计继承了中式古韵风格的精华，运用禅意、笔墨纸砚等文化元素进行提炼升华，改变了传统的空间布局，与新兴材质巧妙兼揉，为现代超高层办公楼注入了新的文化气息。

凭借"思与境偕"的美学理念，强调室内空间与周围环境融为一体，力求创造出安宁与和谐的室内氛围。走廊的布局，让空间更有规律与韵律；墙上的水墨画、书箱设计元素等，赋予中国文化传统意境之美；而大理石铺面、木纹石等新的现代元素，又迎合了当代人的审美需求（图4.45）。

等候区的设计，设计师用简化的中式符号装饰屏风，中间装饰品为代表性的洞石、精心改良的中式家具、定制的吊灯等，以木色系为主调，尽显低调优雅（图4.46）。

图 4.45　走廊

图 4.46　等候区

办公区域白、木、浅灰、深灰的极简配色以及质朴天然的材质，含蓄内敛。使用科学照明，向上漫反射，防止眩晕。饱满的色彩以及空间感给人一种沉稳、踏实的感觉，同时也增加了档次（图4.47）。

休闲区大大的落地窗，线条形成的良好配合相互映衬搭配，造型感十足；透视的玻璃，使工作闲暇之时抬头即可欣赏窗外的美景（图4.48）。

图 4.47　办公区　　　　　　　　　　　　　　　　图 4.48　休闲区

## 案例二：科技公司办公空间

中心处的螺旋梯连接一层、一层夹层、二层以及二层夹层，通透又明亮。裸露的钢结构与管线是工业感的体现，纤薄的板材，彩色的表皮和方格则象征数字媒体信息时代（图4.49）。

本案例运用象征化的表现手法、多元化的设计元素，以"灵透之材，蓬勃之势"为主题，整体风格清新、大气。大量使用了玻璃、银色系列及浅色调的洁净材料，如玻璃幕墙、银质铝塑板、玻化砖等，通透、雅致、稳重、大气，构筑个性化空间。围绕主题，该色彩除了清新之外，亦表现出一种力度感和效率感。渗透入制造企业之"清秀美"，亦反衬企业之"壮观美"（图4.50）。

图 4.49　工业感与信息化兼具的装修风格

图 4.50　钢结构的办公空间

　　为了吸收噪声，会议室选用了许多吸声材料。首先，在天花板上放置谈判桌形式的吸声泡沫(纺织)板。其次，彩色玻璃板和窗户上挂着厚重的纺织品窗帘。最后，异形金属装饰墙由于其形状的关系，可以反射和传播声音。

现代简约办公室设计要求装修特征与功能要统一。对于装修材料的质地和颜色也是非常有讲究的，在白色底色墙面的映衬下增加空间的层次感。根据不同照明需求选择冷光、中性光、暖光。（图4.51、图4.52）

图 4.51　办公空间及隔音吊顶　　　　　　　　　图 4.52　办公区

设计师在设计时为了给企业打造一个有特色的休闲空间，充分利用其空间设计，满足了办公空间的简洁大气，高雅精致，同时亮色系的点缀让空间节奏在不落窠臼的变化中更富有创意与美感（图4.53）。

图 4.53　多彩的休闲区

## 案例三：新中式民宿

室外廊道将各楼串联在一起，将原本分散的多个独栋，改造成了一个内部联系紧密的单体建筑。接待大堂通过室外廊道这种半室外空间，原本私密的中央庭院则被改造成了由茶室、大堂、主入口、餐厅等公共空间围绕的中央公共区域，并成为住客和村民可以共享的一个公共中心（图4.54、图4.55）。

图 4.54　室外走廊　　　　　　　　　　　　　　　图 4.55　室内大堂

廊道将原本公共的建筑之间及沿湖的室外空间转换成了内部庭院、天井、房间等私密空间，半公共空间区域作为连接公共空间区域和私密空间区域的中间地带，呈现为廊道及公共庭院，将中国园林的特点体现出来，无一不体现着传统的哲学观——天人合一（图4.56）。

图 4.56　民宿的公共走道

用简单的禅文化元素和符号图形来表现平淡和舒适，设计中的世俗气息营造一种宁静、淡雅的意境。家具饰品的选择与空间摆放上，遵循当地民居的布置习惯。颜色选择上也尽量选用白色系，窗帘和地板的对比色让空间的主次更为分明，并最大限度地展现出当地的地域文化特征（图4.57）。

图 4.57　客房设计

^
练习与思考
∨

1. 室内设计方案的赏析应该从哪几方面入手?

2. 收集整理 10 套优秀的国内外室内设计。

3. 论述国内外优秀室内设计的方案。

# 参考文献

[1] 来增祥，陆震纬.室内设计原理[M].2版.北京：中国建筑工业出版社，2006.

[2] 徐捷强，李金春，鹿熙军.室内设计初步[M].北京：国防工业出版社，2009.

[3] 刘怀敏.居住空间设计[M].北京：机械工业出版社，2012.

[4] 郭承波.中外室内设计简史[M].北京：机械工业出版社，2007.

[5] 张绮曼.室内设计的风格样式与流派[M].第2版.北京：中国建筑工业出版社，2006.

[6] 张福昌.室内设计制图技法[M].北京：中国轻工业出版社，2012.

[7] 靳克群.室内设计透视图画法[M].天津：天津大学出版社，2003.

[8] 孙元山，姜长杰，孙龙.建筑与室内设计透视图画法[M].沈阳：辽宁美术出版社，2014.

[9] 赵国斌，柯美霞，符学丽.现代室内设计手绘效果图[M].沈阳：辽宁美术出版社，2007.

[10] 施徐华.室内设计手绘快速表现[M].武汉：华中科技大学出版社，2010.

[11] 杨海勇.室内设计手绘图册[M].上海：上海书店出版社，2011.

[12] 张绮曼，郑曙阳.室内设计资料集[M].北京：中国建筑工业出版社，1991.

[13] 隋洋.室内设计原理[M].长春：长春美术出版社，2007.